Ranjeet Pratap Singh Bhadoriya

Melhoria da antena de microfita usando metamateriais

AF550376

Ranjeet Pratap Singh Bhadoriya

Melhoria da antena de microfita usando metamateriais

A técnica mais promissora de melhoria de parâmetros

ScienciaScripts

Imprint
Any brand names and product names mentioned in this book are subject to trademark, brand or patent protection and are trademarks or registered trademarks of their respective holders. The use of brand names, product names, common names, trade names, product descriptions etc. even without a particular marking in this work is in no way to be construed to mean that such names may be regarded as unrestricted in respect of trademark and brand protection legislation and could thus be used by anyone.

Cover image: www.ingimage.com

This book is a translation from the original published under ISBN 978-3-659-86706-4.

Publisher:
Sciencia Scripts
is a trademark of
Dodo Books Indian Ocean Ltd. and OmniScriptum S.R.L publishing group

120 High Road, East Finchley, London, N2 9ED, United Kingdom
Str. Armeneasca 28/1, office 1, Chisinau MD-2012, Republic of Moldova, Europe
Managing Directors: Ieva Konstantinova, Victoria Ursu
info@omniscriptum.com

Printed at: see last page
ISBN: 978-620-8-57115-3

Copyright © Ranjeet Pratap Singh Bhadoriya
Copyright © 2025 Dodo Books Indian Ocean Ltd. and OmniScriptum S.R.L publishing group

ÍNDICE DE CONTEÚDO

RECONHECIMENTO

Em primeiro lugar, agradeço ao nosso criador pela bênção contínua e por me ter dado a força e as oportunidades para concluir este livro.

Bimal Garg, do Madhav Institute of Technology & Science Gwalior, pela sua orientação, apoio e comentários úteis para a conclusão deste livro. Bimal Garg, do Madhav Institute Technology & Science Gwalior, pela sua orientação, apoio e comentários úteis para a conclusão deste livro. Sempre me inspirou e motivou a trabalhar sob a sua orientação técnica e, sem a sua iniciativa e conselhos construtivos, este estudo não teria sido possível.

Agradeço sinceramente ao Dr. S. S. Bhadoriya, Professor e Diretor do Departamento de Engenharia Eletrónica, e a todos os membros do pessoal do departamento de eletrónica, que estão sempre dispostos a ajudar a encontrar soluções para quaisquer problemas.

A minha família merece uma menção especial pelo seu apoio constante e pelo seu papel de força motriz para o sucesso do meu livro. Os meus sinceros cumprimentos aos meus pais pelo seu valioso apoio e fé em mim. Os meus amigos merecem reconhecimento por terem dado a mão quando precisei deles. É um prazer elogiar também os meus amigos, pela ajuda valiosa e pela resolução de alguns problemas durante os estudos.

Ranjeet Pratap Singh Bhadoriya

RESUMO

O principal objetivo desta tese "Melhoria e miniaturização da antena WLAN utilizando meios com um índice de refração negativo" é simular e fabricar a antena de microfita utilizando um metamaterial de mão esquerda de modo a melhorar a perda de retorno, a largura de banda e outros parâmetros potenciais importantes como a directividade, o ganho, etc. As tecnologias de antenas compactas de microfita estão a emergir como uma forma inovadora de satisfazer a procura crescente de sistemas de comunicação sem fios mais potentes, económicos e altamente eficientes.

As etapas de conceção e implementação são as seguintes: o sistema é modelado em primeiro lugar pelo software de simulação computacional (CST-2010). Com a ajuda do CST-2010, avaliou-se a perda de retorno, a directividade, a largura de banda e a eficiência de uma antena de remendo retangular compacta a funcionar na frequência de 2 GHz. Após a avaliação, as propriedades do Metamaterial Duplo Negativo da estrutura proposta foram verificadas através da abordagem NRW (Nicolson-Ross-Weir).

O projeto tem uma constante dieléctrica (ε_r) de 4,3, uma espessura de substrato de 1,6 mm e uma tangente de perda de 0,02.

O software CST-2010 é utilizado para simular a geometria do projeto e o analisador de espetro é utilizado para testar a precisão do projeto. O software Microsoft Excel foi utilizado para verificar as propriedades do Metamaterial Duplo-Negativo da estrutura proposta utilizando a abordagem Nicolson-Ross-Weir (NRW).

LISTA DE SÍMBOLOS

E - Electric Field

H - Magnetic Field

D - Electric Flux Density

B - Magnetic Flux Density

ρ - Charge Density

S - Poynting Vector

P_0- Power Flow

ε - Permittivity

μ - Permeability

ε_r- Relative Permittivity

μ_r- Relative Permeability

n - Refractive Index

c - Speed of Light

ω - Radian Frequency

ω_p- Plasma Radian Frequency

k - Complex wave number

f - Frequency

λ - Wavelength

ξ - Damping Coefficient

Z - Impedance

β - Propagation Constant

σ - Conductivity of Metal

η - wave Impedance

T - Transmission Coefficient

Γ - Reflection Coefficient

f_{pm} - Magnetic Plasma Frequency

f_{pe} - Electric Plasma Frequency

S_{11} - Return Loss

S_{21} – Insertion Loss

d - Thickness of the slab (LHM)

CAPÍTULO 1

INTRODUÇÃO

1.1 INTRODUÇÃO

Os metamateriais que demonstram refração negativa têm atraído muita atenção nos últimos anos, principalmente devido às suas excelentes propriedades electromagnéticas. Estes materiais são estruturas artificiais que exibem caraterísticas não encontradas na natureza. É possível obter um metamaterial através da combinação periódica de estruturas artificiais. Neste trabalho, foram investigadas não só as propriedades únicas dos ressoadores de anel dividido, mas também diferentes estruturas possíveis de metamateriais. Nesta tese, foi demonstrada com sucesso a utilização prática destas estruturas metamateriais em antenas. Foi confirmado experimentalmente que a estrutura metamaterial proposta pode melhorar o desempenho das antenas consideradas nesta tese, em diferentes frequências de funcionamento.

O metamaterial de mão esquerda (LHM) é um material artificial (estrutura metálica periódica) em que a permeabilidade e a permissividade são simultaneamente negativas numa determinada gama de frequências [1]. Antes de nos aventurarmos mais profundamente neste tópico, um breve olhar sobre a terminologia do material ajudaria a entender este peculiar material artificial. A Figura 1.1 mostra a terminologia dos materiais.

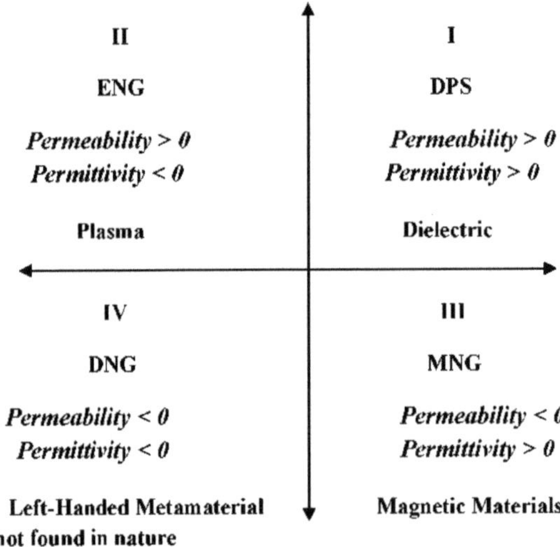

Figura 1.1 Classificação dos materiais com base nas polaridades de Permissividade (ε) e Permeabilidade (μ)

A partir da figura, a terminologia dos materiais divide-se em 4 grupos. O grupo I apresenta os materiais duplamente positivos (DPS), que têm valores positivos de permissividade e permeabilidade. Quase todos os materiais existentes em são materiais DPS e um dos exemplos é o dielétrico. No grupo II, o material Epsilon Negativo (ENG) tem apenas uma permeabilidade positiva, mas a permissividade é negativa. Por outro lado, o grupo III representa o material Mue Negativo (MNG), que é o oposto do material ENG, onde o valor da permissividade é positivo e o valor da permeabilidade é negativo. Por último, o grupo IV apresenta o material Double Negative (DNG), também conhecido como Left Handed Metamaterial (LHM) [75]. Este material possui tanto a permissividade quanto a permeabilidade em valor negativo. Os trabalhos desta tese focam o material do grupo IV onde o valor da permissividade e da permeabilidade são negativos. O metamaterial de mão esquerda tem algumas propriedades únicas e invulgares devido ao valor negativo da permissividade e da permeabilidade da própria estrutura. Por conseguinte, é necessário apresentar uma boa quantidade de explicações para mostrar este material recentemente descoberto. As suas propriedades são analisadas no capítulo 2.

1.2 DECLARAÇÃO DO PROBLEMA

A procura de antenas pequenas, compactas e de baixo custo tem crescido imenso nos últimos anos, devido ao desejo de reduzir o tamanho das antenas, tanto nas áreas militares como comerciais. Têm sido publicadas muitas análises sobre a melhoria do desempenho das antenas patch. A maioria das soluções propostas consistia em utilizar um conjunto de várias antenas. A principal desvantagem deste método é a alimentação de cada antena e também o acoplamento entre cada elemento. Foram sugeridas muitas soluções diferentes e curiosas. A primeira foi a utilização de um superstrato de alta permissividade ou permeabilidade acima da antena patch [2] e, mais recentemente, foi proposta a colocação da antena em camadas dieléctricas com a mesma permissividade [3], [79]. Outro método para ultrapassar esta desvantagem é a utilização do metamaterial de mão esquerda. A integração do metamaterial de mão esquerda com a antena de microfita melhorará o parâmetro da antena de microfita, a incorporação do metamaterial não só reduziu o tamanho da antena, mas também reduziu a sua perda de retorno. A introdução de metamateriais aumentou a largura de banda, a directividade e a eficiência. Com esta caraterística, a antena que integra a estrutura de metamateriais à esquerda pode ser utilizada para comunicações sem fios de maior alcance ou para alargar a cobertura sem fios.

1.3 OBJECTIVO DA INVESTIGAÇÃO

O objetivo desta tese é desenvolver novas estruturas para sistemas de comunicação que possam proporcionar uma melhor funcionalidade e desempenho. O grande potencial dos metamateriais para desenvolver essas novas estruturas oferece uma alternativa com potencial para ultrapassar as limitações das soluções actuais. Neste contexto, os metamateriais são um avanço, principalmente devido às suas propriedades materiais requintadas e à sua capacidade de guiar e controlar as ondas electromagnéticas de uma forma que os materiais naturais não conseguem.

As antenas convencionais limitam frequentemente a sua aplicação, uma vez que são regidas pela "regra da mão direita", que determina o comportamento das ondas electromagnéticas. Os metamateriais oferecem uma solução alternativa para alargar as aplicações da antena utilizando a "regra da mão esquerda". As propriedades únicas dos metamateriais permitem o melhoramento da antena convencional, abrindo assim mais oportunidades para uma melhor conceção da antena.

Os principais objectivos da investigação são:

> Estudar o metamaterial de mão esquerda e as antenas de microfita.

> Conceber, simular e analisar um metamaterial de mão esquerda utilizando o software Computer Simulation Technology (CST).

> Simular a estrutura do metamaterial de mão esquerda e incorporar com o patch único,

> Medição do metamaterial de mão esquerda incorporado na antena de patch único.

> Analisar e comparar os resultados entre a simulação e a medição.

1.4 METODOLOGIA

Inicialmente, foi efectuada uma investigação sobre o LHM (metamaterial de mão esquerda) para compreender os fundamentos da substância recém-descoberta, com base em livros e no IEEE Explorer como referência principal. Posteriormente, o CST Microwave Studio foi escolhido como o melhor software para simular a estrutura, uma vez que este software é desejável para uma plataforma 3D na simulação de uma onda completa. Depois de obter os parâmetros S do software, estes foram exportados para o Microsoft Excel para calcular os valores efectivos de permissividade e permeabilidade, bem como o índice de refração, utilizando a abordagem de Nicolson-Ross-Weir (NRW). Eventualmente, as propriedades da onda retrógrada e do índice de refração negativo também foram investigadas através da simulação do campo E na gama de frequências Left Handed no CST Microwave Studio.

1.5 ORGANIZAÇÃO DA TESE

Esta tese começa com a introdução do MTM de alta tensão, a definição do problema, o âmbito e o objetivo da investigação, bem como a metodologia de implementação desta investigação no Capítulo 1. Posteriormente, foi redigida de forma a fornecer uma visão sobre a novidade do LH MTM e alguns dos seus conceitos básicos que inverteram as leis e teorias a que estávamos habituados no Capítulo

2. Além disso, algumas aplicações do LH MTM na tecnologia de microfita foram apresentadas e discutidas no mesmo capítulo para retratar o carácter prático desta nova substância. Depois de compreender alguns dos conceitos de LH MTM, o projeto de LHMTM utilizando o CST Microwave Studio e o MS Excel foi discutido no Capítulo 3. Por uma questão de exaustividade, as especificações do desenho da equação da antena retangular também foram apresentadas nesse capítulo específico. Posteriormente, foi efectuada uma experiência de conceção e simulação da LH MTM, que foi apresentada no Capítulo 4, onde foram apresentados os resultados da simulação. Os resultados incluem os fenómenos de redução de tamanho, perda de retorno, directividade, eficiência e tabelas de comparação foram tabuladas. Por último, concluiu-se no Capítulo 5 que o LH MTM pode ser utilizado para reduzir o tamanho da antena e também para melhorar as actuais antenas convencionais de microfita em termos de ganho e directividade. Além disso, a lista de referências e os apêndices foram listados no final desta tese.

1.6 RESUMO

Este capítulo abrange a introdução ao projeto, a declaração do problema, o âmbito do trabalho, o objetivo e a metodologia envolvida. Por fim, é feita uma breve síntese de cada capítulo.

CAPÍTULO 2

REVISÃO DA LITERATURA SOBRE O META-MATERIAL DA MÃO ESQUERDA E OS SEUS ANTECEDENTES

2.1 INTRODUÇÃO

O metamaterial de mão esquerda (LHM) tem algumas propriedades únicas, como a refração negativa e a onda retrógrada. Neste capítulo, são apresentadas as teorias básicas subjacentes às suas propriedades únicas e são discutidas algumas aplicações do LHM na área das antenas. A introdução pormenorizada do metamaterial já foi apresentada no capítulo 1.

2.2 DEFINIÇÃO E CONTEXTO DO METAMATERIAL DE MÃO ESQUERDA

Os metamateriais são materiais artificiais concebidos para terem propriedades que podem não ser encontradas na natureza. Os metamateriais adquirem geralmente as suas propriedades a partir da estrutura e não da composição, utilizando pequenas inomogeneidades para criar um comportamento macroscópico efetivo. Os metamateriais são materiais artificiais sintetizados através da incorporação de inclusões específicas, por exemplo, estruturas periódicas, em meios hospedeiros. Alguns destes materiais demonstram a propriedade de permissividade ou permeabilidade negativas. Se ambas ocorrerem ao mesmo tempo, então o compósito exibe um índice de refração negativo efetivo e é referido como Metamateriais Canhotos [78]. O nome foi dado porque o campo elétrico, o campo magnético e o vetor de onda formam um sistema canhoto. De acordo com Valerie Browning e Stu Wolf da Defense Advanced Research Project Agency (DARPA), os metamateriais podem ser definidos como uma nova classe de compostos ordenados que exibem propriedades excepcionais não facilmente observadas na natureza. Estas propriedades decorrem de funções de resposta qualitativamente novas que não são observadas nos materiais constituintes e resultam da inclusão de inomogeneidades extrínsecas de baixa dimensão fabricadas artificialmente. As propriedades eléctricas e magnéticas dos materiais são determinadas por dois parâmetros materiais importantes, a permissividade dieléctrica, ε, e a permeabilidade magnética, μ.

A partir da fig. 1.1, a permeabilidade e a permissividade, em conjunto, determinam a resposta do material à radiação electromagnética. Geralmente, ε e μ são ambos positivos em materiais comuns. Embora ε possa ser negativo em alguns materiais (por exemplo, ε possui valores negativos abaixo da frequência de plasma dos metais), não são conhecidos materiais naturais com μ negativo. No entanto, para certas estruturas, designadas por materiais canhotos (LHM), tanto a permissividade efectiva, εeff, como a permeabilidade, μeff, possuem valores negativos. Nestes materiais, o índice de refração[14],[82], n, é inferior a zero e, por conseguinte, a velocidade de fase e a velocidade de grupo de uma onda electromagnética podem propagar-se em direcções opostas, de tal modo que o sentido de propagação é invertido em relação ao sentido do fluxo de energia.

2.2.1 HISTÓRIA DOS MEIOS COM UM ÍNDICE DE REFRACÇÃO NEGATIVO OU METAMATERIAIS

Esta secção resume os trabalhos pioneiros sobre os MTM, mais particularmente sobre os LHM, desde as primeiras especulações teóricas até aos resultados experimentais recentes que confirmam a existência física da refração negativa e dos LHM.

1968: O físico russo Victor Veselago estudou as propriedades electromagnéticas de um meio hipotético em que tanto a permissividade como a permeabilidade eram simultaneamente negativas [10]. Nesse meio, os três vectores **E**, **H** e **k** não seguem a habitual regra da "mão direita" como nos meios convencionais, mas sim uma regra da "mão esquerda". Por outras palavras, o vetor de onda **k** é antiparalelo ao produto transversal à direita de **E** e **H** (vetor de Poynting). Por esta razão, Veselago designou este meio como *meio canhoto* (LHM). Veselago também previu que o LHM teria propriedades electromagnéticas bastante interessantes e invulgares, como um índice de refração negativo, efeito Doppler invertido e radiação do tipo Cherenkov invertida.

1996-1999: John Pendry, um físico teórico do Imperial College de Londres, publicou as suas investigações sobre dois tipos de matrizes periódicas de elementos metálicos, ambas funcionando na gama das micro-ondas:

• Matrizes de fios condutores finos e paralelos: Estas estruturas compostas actuam como meios equivalentes que exibem uma permissividade semelhante à do plasma, com possíveis valores negativos abaixo da frequência do plasma [6], [11].

• Matrizes de anéis metálicos denominadas *ressonadores de anel dividido* (SRRs): Estas estruturas compostas actuam como meios equivalentes exibindo uma permeabilidade ressonante, com possíveis valores negativos imediatamente acima da frequência ressonante [12].

maio de 2000: Inspirado pelo trabalho de Pendry, o físico David Smith da Universidade da Califórnia (UCSD), em San Diego, propôs a combinação de fios paralelos e SRRs para obter um material compósito que exibe simultaneamente permissividade e permeabilidade negativas numa banda de frequência finita [1]. Criaram o primeiro LHM. Este primeiro protótipo apenas apresentava um comportamento canhoto para uma direção de propagação (LHM 1D) e para uma polarização dos campos. Uma versão isotrópica 2D melhorada desta estrutura foi posteriormente proposta em [9].

outubro de 2000: Pendry fez a sugestão mais provocadora sobre refração negativa e LHM: descobriu que, para além de refocar os componentes de propagação de campo distante por refração negativa, uma lente LHM poderia também refocar os componentes evanescentes de campo próximo [7]. Com uma lente convencional, estas componentes, que transportam informação sobre detalhes inferiores a cerca de um comprimento de onda, desaparecem quase completamente a uma distância de cerca de dois comprimentos de onda. Pendry previu que estas ondas evanescentes crescerão numa lente plana LHM, permitindo assim uma reconstrução perfeita da imagem, ou seja, sem qualquer limite de resolução. Inventou o termo *superlente* para designar essas lentes capazes de refocar as ondas muito para além do conhecido limite de difração (ou *lente perfeita* no caso ideal sem perdas em que a reconstrução da imagem é perfeita).

abril de 2001: O grupo de David Smith demonstrou pela primeira vez o fenómeno da refração negativa [8]. Utilizaram uma LHM composta isotrópica 2D que funciona a frequências de micro-ondas, semelhante à apresentada em [9]. Estes resultados experimentais foram consistentes com a lei de Snell se for adotado um índice de refração negativo para a LHM.

maio-junho de 2002: Dois grupos de cientistas publicaram o seu desacordo com os artigos de Pendry e Smith sobre refração negativa e lentes perfeitas, iniciando assim um debate controverso sobre o assunto:

• Em primeiro lugar, Prashant Valanju e colegas da Universidade do Texas em Austin afirmaram que a causalidade e a velocidade finita do sinal excluem a refração negativa para ondas reais não monocromáticas [14]. Afirmaram também que a dispersão inerente à LHM implica que as frentes de grupo refractam positivamente mesmo quando as frentes de fase refractam negativamente, pelo que um sinal de banda larga se curvará e viajará na direção habitual (ver também o comentário de Pendry [15] e a resposta de Valanju [16]). Num artigo publicado em outubro de 2002 [17], Smith e Pendry explicaram em pormenor o erro cometido por Valanju em [14]. Tratava-se de uma confusão entre a normal da frente de interferência da modulação de um sinal de banda larga e a direção da velocidade de grupo. A utilização de um feixe de largura finita incidente numa interface em vez de uma onda plana ajudou muito a compreender esta questão. Resultados teóricos semelhantes foram relatados por J. Pacheco e colaboradores do Research Laboratory of Electronics do MIT, que calcularam a média temporal do vetor de Poynting para mostrar que a refração negativa também era possível para sinais de banda larga [18].

• Em segundo lugar, Nicolas Garcia e Manuel Nieto-Vesperinas, do Conselho Nacional de Investigação de Espanha, em Madrid, afirmaram que as perdas e a dispersão num LHM real impediriam a restauração das ondas evanescentes e a focalização perfeita [19] (ver também a errata de Garcia [20], o comentário de Pendry [21] e a resposta de Garcia [22]). Além disso, também criticaram em [23] os resultados experimentais obtidos por Smith em [13], argumentando que as elevadas perdas presentes no LHM e a geometria utilizada podem imitar a refração negativa. Segundo eles, a intensidade não foi registada a uma distância suficiente para ser considerada como componente de campo distante. Considerando os resultados das medições em [13] como altamente ambíguos, concluíram que a verificação experimental pura da refração negativa continuava por fazer.

junho de 2002: Paralelamente às investigações sobre LHM de fio SRR, três grupos propuseram quase ao mesmo tempo um novo tipo de MTM baseado numa abordagem de circuito: o grupo de Christophe Caloz e Tatsuo Itoh na Universidade da Califórnia em Los Angeles (UCLA) [24], o grupo de George V. Eleftheriades na Universidade de Toronto [25] e o grupo de Arthur A. Oliner [26]. A ideia principal consistia em realizar uma LT com um elemento capacitivo no ramo série e um elemento indutivo no ramo shunt, ou seja, a topologia dupla de uma LT convencional. Concretamente, estes novos MTMs foram obtidos carregando periodicamente uma LA (para o caso 1D) ou uma rede de LAs (para o caso 2D) com elementos L-C concentrados.

dezembro de 2002: G. V. Eleftheriades apresentou provas experimentais claras que confirmam a refração negativa e foi ainda mais longe ao demonstrar, pela primeira vez, a focalização de ondas electromagnéticas a partir de uma lente esquerda [27]. A estrutura utilizada foi uma rede TL 2D periodicamente carregada com L-C (meio TL duplo).

março-abril de 2003: Boas notícias para os LHM: Vários grupos realizaram experiências e simulações que confirmaram a existência de refração negativa e que os LHM não violam leis físicas básicas como a causalidade:

• Em março de 2003, Claudio G. Parazzoli, da Boeing Phantom Works, em Seattle, realizou uma experiência semelhante à feita por Smith em [13]. Utilizando uma instalação de medição no espaço livre, detectaram ondas negativamente refractadas a uma distância notavelmente longa da amostra de LHM [28], dissipando assim qualquer dúvida quanto à natureza de campo distante destas ondas. Estes resultados, que apoiam plenamente os resultados teóricos de [17, 18], confirmam claramente a existência de refração negativa.

• Em abril de 2003, Andrew A. Houck, do MIT Media Laboratory, em Cambridge, apresentou resultados de medições que demonstram que a refração através de um LHM 2D obedece à lei de Snell com um índice de refração negativo [29]. Apresentou também provas preliminares de que uma placa plana retangular deste material podia concentrar a energia de uma fonte pontual, tal como previsto por Pendry em [12].

março de 2003: O grupo de G. V. Eleftheriades apresentou resultados de simulação que demonstram a capacidade de focagem em comprimentos de onda inferiores de uma lente LHM [30]. Utilizaram um meio TL duplo 2D ensanduichado entre dois meios TL convencionais 2D (meios destros). Foi demonstrada a existência de ondas evanescentes crescentes no interior do meio TL duplo, tanto para estruturas de comprimento infinito como para estruturas de comprimento finito. Em dezembro de 2003, publicaram outros resultados analíticos e de simulação sobre a focalização de subcomprimentos de onda. Em particular, discutiram os critérios necessários para uma focagem perfeita, bem como as restrições impostas à resolução pela periodicidade do LHM utilizado.

março de 2004: G. V. Eleftheriades apresentou pela primeira vez resultados experimentais que demonstram a focalização de subcomprimentos de onda com uma lente plana de mão esquerda baseada em TL [31]. A uma frequência de 1,057 GHz, a resolução foi três vezes melhor do que a imposta pelo limite de difração. Este aumento da resolução foi bastante pequeno devido ao desfasamento nas interfaces das lentes e às perdas na lente esquerda.

2006:J. B. Pendry e D. Schurig estudaram a investigação mais recente sobre os MTM, que se centra no novo e excitante tópico da invisibilidade, também designado por camuflagem [32-33], que consiste em esconder objectos dobrando a luz à sua volta com camuflagens de MTM.

- Richard W. Ziolkowski demonstrou que cascas esféricas de material homogéneo, isotrópico e de permissividade negativa (ENG) são concebidas para criar sistemas ressonantes eletricamente pequenos para várias antenas [34]. Os modelos analíticos e numéricos demonstram que um invólucro ENG corretamente concebido fornece um elemento indutivo distribuído em ressonância com estas antenas eletricamente pequenas altamente capacitivas, ou seja, um invólucro ENG pode ser concebido para produzir um sistema eletricamente pequeno com uma reactância de entrada nula e uma resistência de entrada que corresponde a uma resistência de fonte especificada, conduzindo a eficiências globais próximas da unidade.

2007: Aycan Erentok publicou um modelo analítico de um sistema radiante idealizado, composto por uma antena dipolo eléctrica de dimensões reduzidas, encerrada num sistema de concha metamaterial multicamada de dimensões reduzidas [35]. O modelo analítico optimizado é também utilizado para obter projectos de cascas esféricas multicamadas não irradiantes eletricamente pequenas baseadas em metamateriais.

• Igor S. Nefedov estudou que a redução do tamanho de uma antena utilizando um substrato dielétrico provoca uma diminuição da largura de banda da antena [36]. Ao mesmo tempo, a inclusão de materiais magnéticos no substrato permite aumentar a largura de banda. Este facto estimula as tentativas de utilização de magnetismo artificial inserido em substratos de antenas de patch. As estimativas dos autores, baseadas na teoria das linhas de transmissão, mostram que o fator de qualidade da radiação pode ser fortemente minimizado.

• Hossein Mosallaei investiga teoricamente o comportamento de uma antena eletricamente pequena encerrada numa esfera de metamateriais [37]. É fornecida uma visão física e é abordado o efeito dos metamateriais no aumento da largura de banda.

• Hung Hsuan Lin publicou um projeto de antena de alto ganho e baixo perfil utilizando a tecnologia de metamateriais [38]; foi construída e medida uma antena que funciona na banda de 2,5 GHz do WiMAX (2,50-2,69 GHz). A largura de banda de impedância da antena proposta é de cerca de 390 MHz (2,502,89 GHz).

2008: Aycan Erentok apresentou antenas planas bidimensionais (2D) e volumétricas tridimensionais (3D) inspiradas em metamateriais, eficientes e eletricamente pequenas, fáceis de conceber [39], baratas de construir e fáceis de testar e reportar. Os sistemas de antenas EZ podem constituir alternativas atractivas às antenas eletricamente pequenas existentes.

• Shabnam Ghadarghadr estudou o desempenho de um ressoador hemisférico de permeabilidade negativa (MNG) excitado por uma abertura de ranhura [40]. É ilustrado como um ressoador composto por um meio de permeabilidade negativa pode estabelecer com sucesso um pequeno elemento de antena.

• Le Wei Li demonstrou uma nova antena microstrip patch especificamente projectada utilizando um substrato com padrão metamaterial planar [41]. Este substrato padronizado foi demonstrado na literatura como tendo caraterísticas de mão esquerda. Os resultados da simulação numérica mostram que a antena patch proposta possui várias caraterísticas desejáveis, por exemplo, alta eficiência, baixa perda e baixo VSWR.

• Richard W. Ziolkowski apresentou um sistema de antena inspirado em metamateriais eléctricos de pequenas dimensões, concebido para funcionar com uma largura de banda estreita perto dos 300 MHz [42]. É demonstrado que várias versões idealizadas sem perdas são capazes de atingir uma correspondência de impedância quase perfeita com a fonte e, portanto, têm eficiências gerais próximas de 100% sem um circuito de correspondência externo.

• Lucio Vegni propôs a conceção de componentes de micro-ondas inovadores baseados em metamateriais, tais como radiadores, absorvedores e acopladores direcionais [43]. O emprego de metamateriais visa superar as limitações intrínsecas dos componentes padrão, com base no limite de difração, os absorvedores de micro-ondas ressonantes podem ser miniaturizados para além de 1/100 do comprimento de onda operacional em termos de espessura, os acopladores direcionais microstrip podem ser feitos muito curtos e com valores de acoplamento muito elevados.

• Cheng Jung Lee apresentou dois exemplos de antenas quadribandas compactas concebidas com base na tecnologia MTM [44]. Estas antenas multibanda não só ocupam um volume mais pequeno do que as antenas convencionais, como a monopolar e a PIFA, como também proporcionam desempenhos iguais ou melhores.

• A proposta de Prathaban Mookiah de um conjunto de antenas rectangulares para comunicações MIMO foi simulada num metamaterial com permeabilidade magnética melhorada [45]. A análise foi efectuada em relação a métricas de desempenho como o grau de acoplamento mútuo para diferentes espaçamentos entre elementos, a capacidade de canal alcançável, a largura de banda e a eficiência.

• Cheng Chi Yu desenvolveu uma antena compacta com metamateriais para WiMAX [46]. A utilização de metamateriais reduziu consideravelmente o tamanho da antena. A largura de banda da antena cobre suficientemente as bandas WiMAX de 3,45-3,75 GHz.

• Y. P. Kosta apresentou técnicas de conceção teóricas e práticas baseadas em MTM, tendo sido investigadas questões relativas a sistemas de RF e de comunicações sem fios [47]. A teoria e os princípios destes materiais electromagnéticos artificiais foram discutidos em termos de parâmetros físicos e eléctricos caraterísticos, como o fator de qualidade, a largura de banda, a eficiência, o VSWR, a polarização, o tamanho, a forma, a permissividade, a permeabilidade e a resposta em frequência, que são necessários para uma conceção óptima das antenas.

2009: Hang Zhou demonstrou uma nova antena de microfita de alta directividade baseada em metamateriais planares de índice zero [48]. Um efeito de média sobre a estrutura do metamaterial produz uma permissividade efectiva que se aproxima de zero a 8,75 GHz, o que resulta num metamaterial com índice de refração zero.

• Pei Ling Chi demonstra a viabilidade de acopladores direcionais de banda dupla compactos e com largura de banda melhorada, incluindo os híbridos 90 e 180, utilizando estruturas de transmissão compostas direita/esquerda (CRLH) [49]. É proposta uma metodologia de projeto nova e sistemática que conduz à miniaturização das dimensões. Os híbridos de banda dupla 90 e 180 propostos alcançam uma redução de 10% e 43,7%, respetivamente, em comparação com os acopladores de microfita convencionais na banda inferior da operação de frequência dupla.

• Richard W. Ziolkowski apresentou as antenas eletricamente pequenas como uma tecnologia essencial para uma variedade de aplicações sem fios [50]. As exigências, normalmente incompatíveis, de sistemas de antenas eletricamente pequenas, eficientes e com grande largura de banda são frequentemente agravadas por exigências práticas de multifuncionalidade, baixo peso, baixo custo e fácil fabrico.

• Peng Jin publicou um metamaterial inspirado em pequenas antenas z; stub e canopy [51]. Elas são projetos parasitas ressonantes de campo próximo. Os resultados da simulação numérica são analisados e comparados com limites de valor Q previamente derivados para antenas eletricamente pequenas que se baseiam nos modelos de circuito padrão de multipolos de ondas esféricas.

• Dalia Nashaat demonstrou as bases para conseguir o funcionamento em UWB utilizando uma antena monopolar de microfita semicircular com um plano de terra modificado como um remendo semicircular em forma de guarda-chuva [52]. Esta forma produziu uma largura de banda que varia entre 2 e 30 GHz com descontinuidades de 7 GHz a 10 GHz, de 12,5 GHz a 17,5 GHz e com uma redução de tamanho de cerca de 50% em relação ao patch convencional de forma retangular.

• Florent Jangal estudou as ondas de superfície como um ponto-chave para os radares de alta frequência [53]. O objetivo global do autor é melhorar ou evitar a sua excitação, dependendo se a organização opera radares de ondas de superfície ou radares de ondas de céu. O autor pretende desenvolver estruturas periódicas de sub-comprimento de onda como o metamatrial.

• Zeyu Zhao apresenta uma antena de banda dupla de alto ganho com superstrato metamaterial [54]. Com base na análise da célula unitária da antena projectada, verifica-se que as duas frequências de pico de transmissão podem ser utilizadas para produzir uma elevada directividade na antena de remendo.

• Kumud Ranjan Jha demonstrou que foi analisada uma placa dieléctrica com a implantação periódica do espaço de ar no material do substrato passivo hospedeiro [55]. A permissividade efectiva do cristal fotónico com o material hospedeiro PTFE a 600 GHz foi extraída com a ajuda de um método robusto para obter os parâmetros constitutivos efectivos dos metamateriais.

• Kamil Boratay Alici concebeu um metamaterial compósito duplo negativo de baixas perdas que funciona no regime de ondas milimétricas [56]. Foi obtida experimentalmente uma banda passante negativa com um valor de transmissão de pico de -2,7 dB a 100 GHz. O autor efectuou uma análise numérica e experimental da teoria qualitativa do meio eficaz baseada na transmissão para provar a natureza duplamente negativa do metamaterial.

• O espaçador metamaterial de Jianing Zhao, baseado em SRRs recém-projetados, é estudado com o objetivo de melhorar a largura de banda e, ao mesmo tempo, satisfazer os requisitos dos parâmetros S para o sistema MIMO [57]. A propriedade do material é analisada. As simulações do projeto são concluídas e o resultado mostra que o espaçador baseado neste metamaterial pode proporcionar uma redução satisfatória do acoplamento mútuo das antenas numa banda larga.

• A. Ajami estudou o tipo de antena LSR que não necessita de qualquer ligação com o plano de terra para reduzir o tamanho da antena, o que simplifica o fabrico da antena [58]. Por conseguinte, pode ser um candidato útil para pequenas antenas de patch. Foi fabricado um protótipo da antena de retalho LSR-MTM e mostra-se que o tamanho da antena, em comparação com uma antena de retalho convencional, para a mesma frequência de ressonância, é reduzido em 46,63%. A frequência de ressonância da antena protótipo e a sua largura de banda fraccionada são 2,025 GHz e 4,4%, respetivamente.

• Liang Zheng apresentou um sensor de mircocavidade utilizando metamateriais e o sensor funciona em modo whispering-gallery (WGM) [59]. Baseia-se no método de diferenças finitas no domínio do tempo (FDTD). Os resultados mostram que o MAM possui um fator de qualidade muito mais elevado do que a microcavidade convencional e que o sensor MAM é mais sensível ao ambiente dielétrico do que o sensor de microcavidade convencional.

- M.S. Soudi publicou um projeto de uma célula em forma de cogumelo com ranhura circular e o seu diagrama de dispersão é comparado com o da célula em forma de cogumelo normal [60]. É estudada uma antena de remendo preenchida com a célula em cogumelo com ranhura circular e, em seguida, é projectada uma antena de remendo preenchida com a célula em cogumelo circular e colocada sobre um substrato metamaterial construído a partir da célula em cogumelo com ranhura circular para funcionar em 2,5 GHz, 2,7 GHz, 5,4 GHz, 8,6 GHz e 10,5 GHz.

- Adel A. A. Abdel Raheem estudou um conjunto de antenas de dois elementos de tamanho compacto, alimentado por uma empresa, que utiliza uma junção T compacta baseada em metamateriais [61]. O divisor de potência de junção T baseado em metamateriais que funciona a 5,8 GHz foi concebido para aplicações WiMAX móveis. Ajustando os parâmetros dessas estruturas, as caraterísticas do meio metamaterial podem ser enviadas para se obter uma mudança de fase desejada.

- Jiang Zhu apresentou uma abordagem simples para reduzir o acoplamento mútuo em duas antenas eletricamente pequenas (ESAs) estreitamente espaçadas, com base na ideia geral de cancelamento de campo [62]. O conjunto de antenas consiste em duas pequenas antenas monopolo impressas inspiradas em metamateriais. Um protótipo fabricado de um conjunto de dois elementos com uma separação de borda a borda de $\lambda_o/$ 30,6 (ou separação de centro a centro de $\lambda_o/$ 13,6) produz um acoplamento mútuo medido de $|S_{(21)}|$ melhor que 18 dB em toda a banda de impedância de $|S_{(11)}|$ < -10 dB, o que é significativamente melhor que o nível de -9 dB do conjunto original.

- Yuandan Dong propôs uma antena cogumelo inspirada em metamateriais com uma largura de banda alargada [63]. A antena é projectada numa placa de circuito impresso (PCB) de camada única com um solo sólido. Combinando três ressonâncias diferentes, incluindo a ressonância de ordem zero do pequeno patch no interior da ranhura e as ressonâncias de ordem +1 e +2 do patch global, a antena atinge uma largura de banda medida de 36%.

- Geonho Jang apresentou uma nova antena retangular com ressonância de ordem zero (ZOR) gerada com base na estrutura metamaterial de mão direita e esquerda composta (CRLH) [64]. O campo elétrico em fase ao longo de toda a antena é diferente de meio comprimento de onda, tal como o modo de ressonância fundamental de uma antena de microfita normal ou o seu múltiplo positivo. O desempenho da antena proposta é simulado por um solver de campo 3D que introduz as dimensões da estrutura física correspondente ao circuito equivalente projetado para ter ZOR a 2,4 GHz.

- Ozlem Ozgun apresenta técnicas de transformação de coordenadas espaciais para controlar a propagação de campos electromagnéticos em várias aplicações surpreendentes e úteis [65].

A implementação desta abordagem baseia-se no facto de as equações de Maxwell serem invariantes sob transformações de coordenadas. Os parâmetros constitutivos do material anisotrópico são determinados para refletir adequadamente as consequências da transformação de coordenadas nos campos electromagnéticos.

• Seongmin Pyo apresentou um novo projeto de antena de microfita baseada em metamateriais com ranhuras no solo para melhorar o ganho da operação em banda dupla [66]. As ranhuras triangulares equiláteras são incorporadas para melhorar o ganho da antena proposta em cada modo ressonante. Aumentando apenas o tamanho das ranhuras de 0 mm a 11 mm sem alterar os elementos do radiador, os ganhos da antena aumentaram de forma excelente em cada modo de funcionamento.

2011: Zeeshan Salmani propôs uma antena UWB que opera de 2,45 GHz a 11,6 GHz [67]. Esta antena é uma combinação de dois elementos de antena que estão ligados de uma forma inspirada na técnica de matriz de antenas log-periódicas. Para reduzir o tamanho total da antena proposta, são utilizadas antenas compactas baseadas em metamateriais como elementos radiantes básicos.

• Jun Ye apresentou uma antena de retalho retangular em miniatura especificamente concebida e analisada utilizando conceitos de metamateriais [68]. Baseada em uma antena patch comum, ela possui uma estrutura ressonante em forma de C duplo embutida no centro do substrato da antena patch retangular. Verifica-se que o grande impacto no desempenho da antena é o facto de modificar a dimensão para 58% de uma antena convencional.

• Kamal Sarabandi apresentou a implementação de um novo repetidor de rádio miniaturizado de alto ganho para melhorar a conetividade de redes sem fios em ambientes complexos [69]. Um protótipo do pequeno repetidor de rádio é fabricado para verificar o desempenho do projeto através de uma medição padrão em espaço livre . A viabilidade de amplificar e retransmitir o sinal recebido é demonstrada através de medições que se comparam bem com os resultados da simulação numérica.

• Navdeep Singh descreveu resultados simulados e experimentais relativos à miniaturização e ao aumento do desempenho de antenas utilizando metamateriais [70]. Um dos objectivos é obter dispositivos mais compactos e com melhor desempenho do que os resultados anteriores. As antenas aqui apresentadas que utilizam metamateriais ou estruturas de hiato de banda electromagnética (EBG) ou estruturas negativas simples (SNG) ou estruturas negativas duplas (DNG) ou estruturas de hiato de banda electromagnética sintonizáveis e estruturas ressonantes são mais eficientes do que as antenas sem metamateriais.

2012: Wen Tao Li apresentou uma nova antena monopolo planar que cobre as bandas 3G, Bluetooth, WiMAX e UWB [71]. Ao gravar um ressonador de anel dividido quase complementar (CSRR) na linha de alimentação, são obtidas duas bandas de frequência entalhadas centradas em 5,3 e 7,4 GHz. Para atingir a ressonância inferior na banda 3G, é utilizado o carregamento metamaterial baseado na linha de transmissão para obter a vantagem de o padrão de radiação ser ortogonal a outros modos de ressonância. Os resultados experimentais indicam que a antena proposta produz uma largura de banda de impedância de 2-12,5 GHz com VSWR, exceto nas bandas com entalhe duplo de 5,0-5,5 e 7,2-7,6 GHz.

• Yonghui Tao publicou uma lente LHM de baixa perda que deverá ser útil para o tratamento por hipertermia de tumores de grandes áreas [72]. Com um aplicador de lentes LHM planas, a hipertermia conformacional pode ser efectuada através do aquecimento conjunto de várias fontes de micro-ondas (antenas). Na hipertermia, restringimos a distância entre duas fontes vizinhas dentro de um intervalo de fonte crítico, dispomos as fontes numa matriz específica de forma geral de acordo com o tumor e ajustamos a distância entre a fonte e a lente para adquirir a inclinação desejada da zona de aquecimento para melhor adaptação à região do tumor. É demonstrado que a inclinação também pode ser ajustada pelas fases das fontes de micro-ondas. Propõe-se, assim, um esquema de hipertermia manobrável baseado em LHM para gerar um padrão de aquecimento relativamente grande e com inclinação uniforme no tecido.

2013: H. Cheribi apresentou uma antena reconfigurável em frequência baseada em metamateriais [73]. É composta por um monopolo retilíneo alimentado por coplanar com dois ressonadores de anel duplo dividido (DSRRs) de diferentes tamanhos dispostos na sua proximidade. Cada célula exibe uma permeabilidade negativa numa banda de frequência, o que produz acoplamentos magnéticos com o monopolo que começa a irradiar em novas bandas; toda a estrutura é agora uma antena tri-banda. As frequências em que os dois DSRRs apresentam uma permeabilidade negativa foram escolhidas arbitrariamente para mostrar que a abordagem proposta pode ser utilizada para criar novas bandas de funcionamento e também para introduzir entalhes. Utilizando um único interrutor em cada célula metamaterial, o seu efeito pode ser desativado e a ressonância correspondente pode ser suprimida, resultando numa antena reconfigurável em frequência.

• Jason C. Soric apresentou um modelo analítico e ferramentas práticas de conceção para a realização de antenas compactas cilíndricas simétricas com base nas propriedades de transmissão anómalas de canais radiais ultra-estreitos ε-near-zero (ENZ) [74]. A flexibilidade e as propriedades de propagação exóticas dos canais metamateriais ENZ são exploradas aqui para sintonizar e combinar antenas cilíndricas simétricas, sem a necessidade de redes de combinação externas complexas, a fim de realizar projetos de antenas interessantes em termos de tamanho, complexidade e eficiência. O autor começa por modelar um canal de metamaterial ENZ dispersivo homogeneizado para alimentar um guia de ondas de placa paralela radial; em seguida, o autor sugere uma realização prática deste canal utilizando alhetas radiais; finalmente, o autor aplica as fórmulas de projeto obtidas para realizar antenas cilíndricas de banda única e multibanda com uma vasta gama de tenabilidade. As antenas projectadas podem funcionar na banda de frequência ultra-alta e podem ser sintonizadas de forma realista numa grande largura de banda. Os autores prevêem aplicações em antenas de salto de frequência, multibanda, compactas e omnidireccionais.

2.3 FUNÇÃO DO METAMATERIAL

As antenas de metamateriais são uma classe de antenas que utilizam metamateriais para aumentar o desempenho de sistemas de antenas . miniaturizadas (eletricamente pequenas)O seu objetivo, como o de qualquer antena electromagnética, é lançar energia para o espaço livre. No entanto, estas incorporam metamateriais, que são materiais concebidos com estruturas novas, frequentemente microscópicas, para produzir propriedades físicas . invulgaresOs projectos de antenas que incorporam metamateriais podem aumentar a potência radiada de uma antena. Novos componentes, como ressonadores compactos e guias de onda carregados de metamateriais, oferecem a possibilidade de aplicações anteriormente indisponíveis. Com as antenas convencionais, que são muito pequenas em comparação com o comprimento de onda, a maior parte do sinal é reflectida de volta para a fonte. O metamaterial, por outro lado, faz com que a antena se comporte como se fosse muito maior do que realmente é, porque a nova estrutura da antena armazena energia e a irradia novamente. Estas novas antenas parecem ser úteis para sistemas sem fios que continuam a diminuir de tamanho, tais como dispositivos de comunicações de emergência, micro-sensores e radares portáteis de penetração no solo para procurar túneis, cavernas e outras caraterísticas geofísicas. O metamaterial é um arranjo de elementos estruturais "artificiais", concebido para obter propriedades electromagnéticas invulgares.

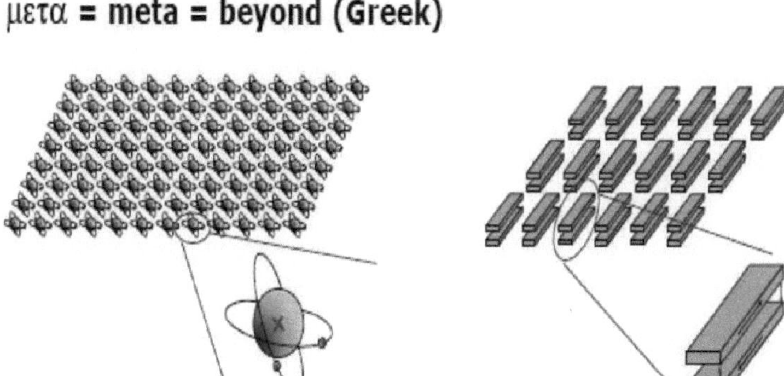

Fig. 2.3.1 Material convencional **Fig. 2.3.2** Metamaterial com pares de nanobastões

Todos os materiais são constituídos por átomos, que são dipolos. Estes dipolos modificam a velocidade da luz por um fator n (o índice de refração). As unidades anel e fio desempenham o papel de dipolos atómicos: o fio actua como um átomo ferroelétrico, enquanto o anel actua como um indutor L e a secção aberta como um condensador C. O anel no seu conjunto actua, portanto, como um circuito LC. Quando o campo eletromagnético passa através do anel, é criada uma corrente induzida e o campo gerado é perpendicular ao campo magnético da luz. A ressonância magnética resulta numa permeabilidade negativa; o índice também é negativo.

O metamaterial duplo negativo aumenta a potência radiada das antenas.

A primeira estrutura LHM consiste num ressoador de anel dividido (SRR) e num fio fino (TW) ou numa tira carregada de capacitância (CLS). O SRR apresenta um valor negativo de permeabilidade e o CLS e o TW apresentam um valor negativo de permissividade numa determinada gama de frequências.

2.3.1 RESSONADOR DE ANEL DIVIDIDO (SRR)

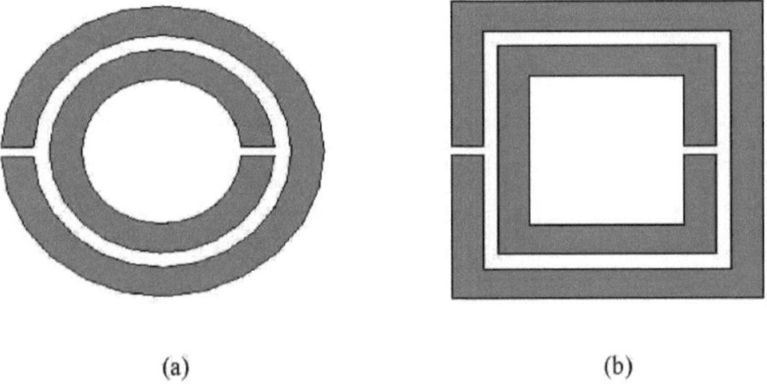

(a) (b)

Figura 2.3.1.1: (a) Ressonador de anel dividido circular. (b) Ressonador de anel dividido quadrado.

Um ressoador de anel dividido (SRR), como se mostra na Figura 2.3.1.1 (a) e (b), faz parte da estrutura do MLH que apresenta um valor negativo de permeabilidade. Se a excitação do campo magnético for perpendicular ao plano da estrutura, gerar-se-á um momento de dipolo magnético. O SRR é uma estrutura altamente condutora em que a capacitância entre os dois anéis equilibra a sua indutância. Após a introdução do SRR, foram inventados muitos tipos de desenhos de metamateriais que são utilizados para melhorar os parâmetros da antena de microfita.

Com o objetivo de testar se a linha de transmissão carregada com CSRR/capacitive gap (ou SRR/faixa indutiva) é canhota, Ferran Martin et al estudaram a transmissão através de linhas de transmissão metamateriais carregadas apenas com CSRR (ou SRR) e apenas com gap capacitivo (ou faixa indutiva) utilizando técnicas numéricas e experimentais. O princípio do estudo era que se se pudesse mostrar que a transmissão não ocorre (uma banda de paragem mostra (ou SRR) e uma abertura capacitiva (ou tira indutiva) em que tanto a permissividade como a permeabilidade são teoricamente negativas, então é possível concluir que a linha de transmissão é canhota. Os seus resultados mostraram, de facto, que uma linha de transmissão carregada apenas com CSRR (ou SRR) tem uma caraterística de banda de paragem, ao passo que a linha de transmissão carregada apenas com uma lacuna capacitiva (ou tira indutiva) tem uma caraterística passa-alto. Além disso, quando tanto o CSRR como a lacuna capacitiva (ou o SRR e a tira indutiva) estão presentes, aparece uma banda passante na vizinhança do ponteiro de paragem, que se afirmava que a transmissão era permitida nessas frequências devido ao facto de a permissividade e a permeabilidade serem ambas negativas. Após o postulado teórico do meio contínuo de Veselago em 1968, e verificação experimental [10], uma das aplicações revolucionárias dos metamateriais foi proposta por Pendry em 2000 [11-12]. É sabido que, com uma lente ótica convencional, a resolução da imagem é sempre limitada pelo comprimento de onda da luz utilizada para iluminar o objeto, ou seja, o limite de difração. A existência deste limite deve-se às ondas evanescentes nas componentes de Fourier de uma imagem bidimensional. A sua amplitude diminui à medida que a distância do objeto aumenta. Pendry mostrou que uma placa do LHM teria o poder de amplificar as ondas evanescentes pelo processo de transmissão e de reconstituir o campo próximo e o campo distante da fonte com uma resolução de sub-comprimento de onda em virtude de ondas de superfície ressonantes (Plasmon's) que são excitadas no LHM. Mais tarde, o metamaterial também foi utilizado na comunicação ótica devido à sua propriedade de índice de refração negativo, que será abordada mais adiante neste relatório.

2.3.2 TIRA COM CARGA DE CAPACITÂNCIA (CLS) E FIO FINO (TW)

(a) (b)

Figura 2.3.2.1: (a) Fita com carga de capacitância (CLS) e (b) Fio fino (TW)

A Figura 2.8.2.1 (a) mostra a tira carregada de capacitância (CLS) e a Figura 2.8.2.1 (b) mostra o fio fino (TW). A CLS e o TW produziriam uma forte resposta do tipo dielétrico. Quando o campo elétrico se propaga paralelamente através da TW ou da CLS, induz uma corrente ao longo delas. Isto gerará um momento de dipolo elétrico na estrutura e apresentará uma frequência de permissividade do tipo plasmónico.

2.4 Caraterística do metamaterial de mão esquerda

Atualmente, o termo metamateriais pode ser encontrado com frequência na literatura. O prefixo "meta" em grego significa "para além de". De acordo com uma definição geral, os metamateriais são normalmente utilizados para referir os materiais artificiais que possuem algumas propriedades electromagnéticas que não são comuns na natureza [22]. Na natureza, a permissividade e a permeabilidade da maioria dos materiais são positivas. Os materiais com permissividade e permeabilidade positivas são designados por materiais destros (RHM). O meio com valores simultaneamente negativos de permissividade ε e permeabilidade μ foi inicialmente proposto por Veselago [2]. Este autor designou estes materiais por materiais canhotos (LHMs). Os LHMs podem ser caracterizados por algumas propriedades únicas que não podem ser encontradas na natureza, incluindo refração negativa, radiação invertida, efeito Doppler invertido, etc., e estas propriedades emergem devido a algumas interações específicas com campos electromagnéticos, induzidas pelas inclusões (SRR/rod) [5] que são inseridas periodicamente ou quase periodicamente no material hospedeiro. Como novo metamaterial emergente, o LHM atraiu muita atenção e, em [82], foi considerado uma das dez maiores descobertas científicas de 2003.

Como termo para designar materiais de permissividade e permeabilidade negativas, o termo "material canhoto" é muito utilizado atualmente, em particular nos metamateriais baseados na teoria das linhas de transmissão, e é também o termo utilizado nesta tese, embora existam também vários outros nomes para estes materiais:

- □ Meios de comunicação Veselago
- □ Suporte duplo negativo (DNG)
- □ Meios com índice de refração negativo (NRI)
- □ Meios de onda descendente (BW)

Materiais com apenas um parâmetro negativo entre a permissividade e a permeabilidade são chamados de single-negative (SNG), especificamente Epson-negative (ENG) ou Mu-negative (MNG).Algumas questões relativas à terminologia e aos aspectos filosóficos dos metamateriais podem ser encontradas em [15]-[83].

2.4.1 Índice de refração negativo

Refração negativa Devido à peculiaridade dos seus valores de DNG, em que ε e μ são ambos negativos, muitas outras propriedades deste material são completamente alteradas. A alteração mais óbvia é o índice de refração do material, que assume um valor negativo, tal como indicado na fórmula Por outro lado, a lei de Snell mostra que a onda que se propaga através do MLH se curva no sentido "errado", como mostra a figura abaixo.

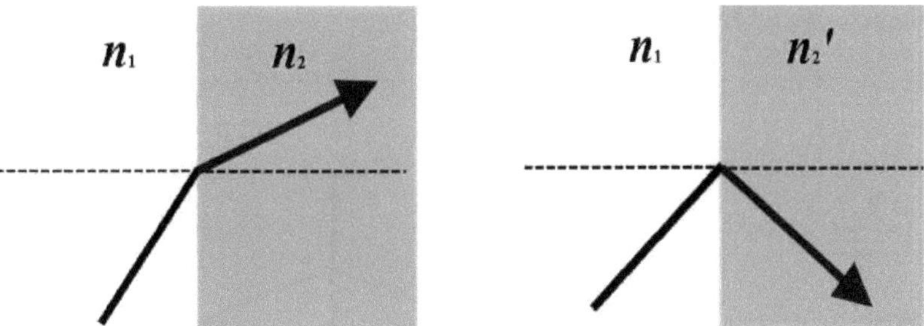

Fig. 2.4.1.1: A onda refractada num meio RH e, **Fig. 2.4.1.2:** Num meio LH

Na Figura 2.4.1.2, o índice de refração é $n_2' = -n_2$ e a onda é refractada para o lado oposto ao do raio que se propaga no meio com a mão direita (RH). Além disso, apesar de a onda se curvar na direção oposta, a Lei de Snell continua a ser satisfeita quando um valor negativo de n é substituído na equação,

$$n_1 \sin \theta_1 = n_2 \sin \theta_2$$

Devido ao seu índice de refração negativo, é evidente que os raios que se propagam através de uma placa de LH MTM seriam focados internamente e seria criado um ponto de refocagem quando o raio deixasse a placa. Isto pode ser ilustrado na Figura 2.4.1.3 e, se transpuséssemos esta ideia para a engenharia de micro-ondas, poderíamos melhorar a directividade e o ganho de uma determinada antena. A partir dos resultados da simulação, é evidente que a onda irradiada pela antena de retalho retangular pode ser focada no interior do LH-MTM e aumentar ainda mais a directividade da antena. Por outras palavras, a largura do feixe da onda foi reduzida e observou-se um aumento do ganho.

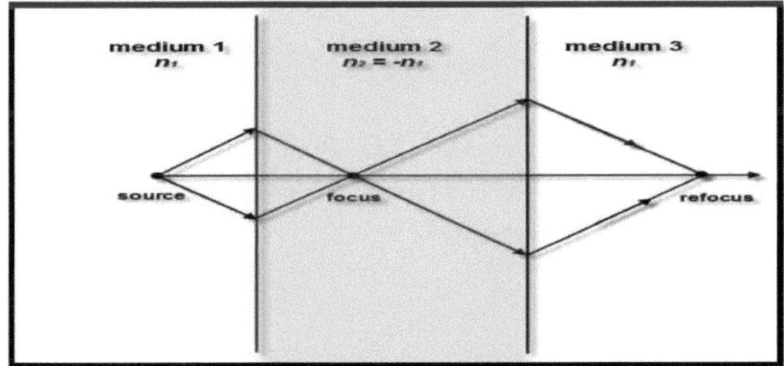

Figura 2.4.1.3: O raio refocado ao entrar e sair da laje LH MTM.

2.4.1 Propagação de ondas para trás

Por outro lado, a caraterística peculiar subsequente deste material é a propagação da Backward Wave (BW) [4], [84].

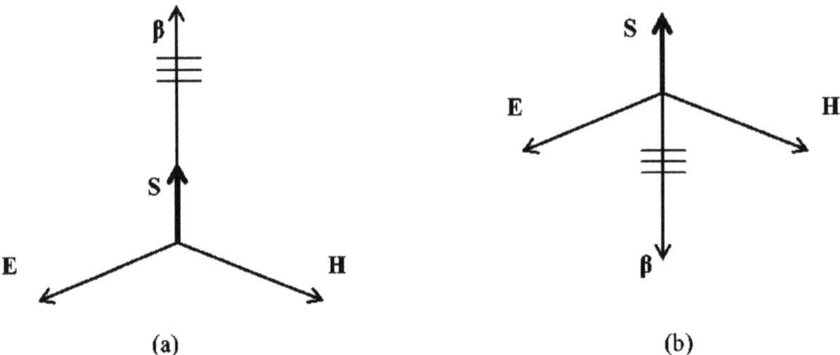

Figura 2.4.2.1: Tríade campo elétrico-campo magnético-vetor de onda (E, H, β) e o vetor de Poynting S para uma onda electromagnética. (a) Meio convencional com mão direita (RH), (b) Meio com mão esquerda (LH).

A partir das equações de Maxwell e considerando um meio sem perdas na região sem fontes (Ms = **Js** = 0), podemos obter a seguinte equação:

$$\boldsymbol{\beta} \times \mathbf{E} = +\omega|\mu|\mathbf{H},$$

$$\boldsymbol{\beta} \times \mathbf{H} = -\omega|\varepsilon|\mathbf{E}$$

O que construiu a familiar tríade RH (**E**, **H**, **β**) mostrada na Figura 2.4.2.1 (a). Além disso, quando os valores de μ e $\varepsilon < 0$, uma vez que $|\mu| > 0$ e $|\varepsilon| > 0$,

$$\boldsymbol{\beta} \times \mathbf{E} = -\omega|\mu|\mathbf{H},$$

$$\boldsymbol{\beta} \times \mathbf{H} = +\omega|\varepsilon|\mathbf{E}$$

O que construiu a tríade LH (**E**, **H**, **β**) mostrada na Figura 2.4.2.1 (b). Além disso, podemos observar a direção oposta de **β** e, portanto, podemos concluir que o valor de β é negativo. Ao mesmo tempo, a velocidade de fase que é descrita pela seguinte equação,

$$\upsilon_p = \frac{\omega}{\beta}$$

Acabaria por adquirir o valor negativo de β, uma vez que a frequência emprega sempre o valor positivo. Além disso, o vetor de Poynting **S**, que é definido como

$$\mathbf{S} = \mathbf{E} \times \mathbf{H}^*$$

está associado ao fluxo de energia P0 e, portanto, orientado na direção da propagação da energia ao longo do tempo. Subsequentemente, **S** é paralelo à velocidade de grupo (velocidade de um sinal modulado num meio sem distorção),

$$\upsilon_g = \beta\ \omega$$

Em suma, a partir da figura 2.4.2.1 e de todas as equações derivadas, podemos resumir que (considerando o sentido positivo do fluxo de potência),

RH Média: υ p> 0 (β> 0) e υg 0>

LH Medium: υ p< 0 (β< 0) e υg 0>

E isto exibe a caraterística antiparalela do LHMTM [12], [24].

Em termos de simulações e experiências realizadas no passado, foram várias as que estudaram a propagação de ondas para trás em estruturas de guias de ondas periódicas [20]. Tomando como exemplo, foram fabricadas com sucesso as estruturas SRR e TW e testada a propagação da onda nas guias de onda com uma inclusão das estruturas de cada vez. A partir das duas experiências realizadas separadamente, descobriu-se que a propagação de ondas para trás abaixo da frequência de corte era um padrão de campo H (quando apenas a estrutura SRR foi incluída) ou campo E (quando apenas a estrutura TW foi incluída). Após a verificação da propagação da onda de retorno da inclusão única, testaram numericamente a inclusão de ambas as estruturas (LH-MTM) com um simulador FEM comercial (HFSS) e provaram que a onda na região LH-MTM se propagava de forma oposta ao fluxo de energia.

Até este ponto da discussão, pode perguntar-se como é que o autor determina a propagação de uma onda de retorno. Para além de se observar a propagação do campo E e do campo H a partir de qualquer simulador 3D (CST Microwave Studio), também se pode investigar a fase não envolta de S . Foi referido que, logo abaixo da região de frequência de funcionamento do LH-MTM, a fase não enrolada de S aumenta com a frequência, o que é causado por um valor negativo do atraso de grupo do LH-MTM. Por outras palavras, quando se observa um aumento da fase não envolta, há um indício de que a propagação da onda para trás pode estar em curso.

2.5 MÉTODO PARA DETERMINAR O VALOR DA PERMISSIVIDADE E DA PERMEABILIDADE UTILIZANDO A ABORDAGEM NICOLSON-ROSS-WIER (NRW) MODIFICADA [20]

Para obter resultados de aproximação mais precisos da permissividade e permeabilidade, a abordagem NRW modificada foi estudada e aplicada nesta investigação [20]. A abordagem NRW é uma técnica comumente usada para determinar o valor da permissividade e da permeabilidade. O método NRW inicia a expressão do termo de transmissão, T, a partir da equação abaixo;

$$T = \frac{V_1-\Gamma}{1-\Gamma V_1} \quad \text{.... (2.5.1)}$$

Onde a expressão do coeficiente de reflexão,

$$\Gamma = \frac{T-V_2}{1-TV_2} \quad \text{.... (2.5.2)}$$

Onde

$$V_1 = S_{21} + S_{11} \quad \text{.... (2.5.3)}$$

$$V_1 = S_{21} - S_{11} \quad \text{.... (2.5.4)}$$

A partir de (2.5.1) e (2.5.2), podemos obter a equação abaixo;

$$1 - T = \frac{(1+\Gamma)(1-V_1)}{1-\Gamma V_1} \quad \text{.... (2.5.5)}$$

$$\eta = \frac{1+\Gamma}{1-\Gamma} = \frac{1+T}{1-T}\frac{1-V_2}{1+V_2} \quad \text{.... (2.5.6)}$$

Em que T = Coeficiente de transmissão

G = Coeficiente de reflexão

η = Impedância da onda

Assumimos que a espessura eléctrica da placa de fibras ópticas não é grande (isto é, $k_{real}\, d \leq 1$) e sabemos que o número de onda;

$$k = \frac{\omega\sqrt{\varepsilon_r\mu_r}}{c} = k_o\sqrt{\varepsilon_r\mu_r} \quad \text{.... (2.5.7)}$$

Em que = 2pf

c = Velocidade da luz, 2,998x10^8m/s

$$k_o = \frac{\omega}{c}$$

O termo de transmissão pode ser escrito como $(\text{i.e.}, k_{real}\, d \leq 1)$ para obter os resultados aproximados de permissividade e permeabilidade das equações (2.5.5) e (2.5.6), respetivamente.

$$\mu_r \approx \frac{2}{jk_o d}\frac{1-V_2}{1+V_2} \qquad \text{.... (2.5.8)}$$

$$\varepsilon_r = (k / k_o)^2 \frac{1}{\mu_r} \qquad \text{.... (2.5.9)}$$

Onde d = espessura do substrato

$$k_o = \frac{\omega}{c}$$

$$V_2 = S_{21} - S_{11}$$

Onde o índice de refração é simplesmente obtido como;

$$n = \sqrt{\varepsilon_r \mu_r} = \frac{k}{k_o} \qquad \text{.... (2.5.10)}$$

E a impedância de onda como;

$$n^2 = \frac{\mu_r}{\varepsilon_r} = \frac{1+V_1}{1-V_1}\frac{1-V_2}{1+V_2} = \frac{(S_{11}+1)-S_{21}^2}{(S_{11}-1)-S_{21}^2} \qquad \text{.... (2.5.11)}$$

Para evitar os problemas de raiz quadrada na expressão da permissividade, foram utilizadas as equações (2.5.11) e (2.5.8) abaixo para obter a equação da permissividade;

$$\varepsilon_r \approx \frac{2}{jk_o d}\frac{1-V_1}{1+V_1} \qquad \text{.... (2.5.12)}$$

Onde d = espessura do substrato

$$k_o = \frac{\omega}{c}$$

$$V_1 = S_{21} + S_{11}$$

O Microsoft Excel foi utilizado no cálculo da permissividade e permeabilidade da estrutura do MLH. A abordagem NRW (Equações 2.5.8 e 2.5.12) é utilizada para calcular a permissividade e a permeabilidade da LHM. Isto foi feito exportando os parâmetros S do software CST Microwave Studio para o MS Excel. Uma vez obtida a região da LHM, as dimensões exactas da estrutura foram incorporadas nas antenas através do CST Microwave Studio e nos processos de fabrico subsequentes.

2.6 RESUMO

Este capítulo apresenta a história dos metamateriais, as estruturas LH-MTM, a derivação da abordagem NRW, a definição e os antecedentes do LH-MTM, a função do LH-MTM e as caraterísticas do LH-MTM.

CAPÍTULO 3

PROJECTO DE ANTENA DE MICROFITA E ESTRUTURA LHM

3.1 INTRODUÇÃO

No capítulo anterior, o enigma dos meios com índice de refração negativo foi revelado e o método para determinar o valor da permissividade e da permeabilidade também foi discutido. Neste capítulo, será abordado o projeto da LHM juntamente com a antena de patch e o procedimento de simulação da LHM [20] utilizando o software CST.

O processo completo é explicado no fluxograma que se segue:

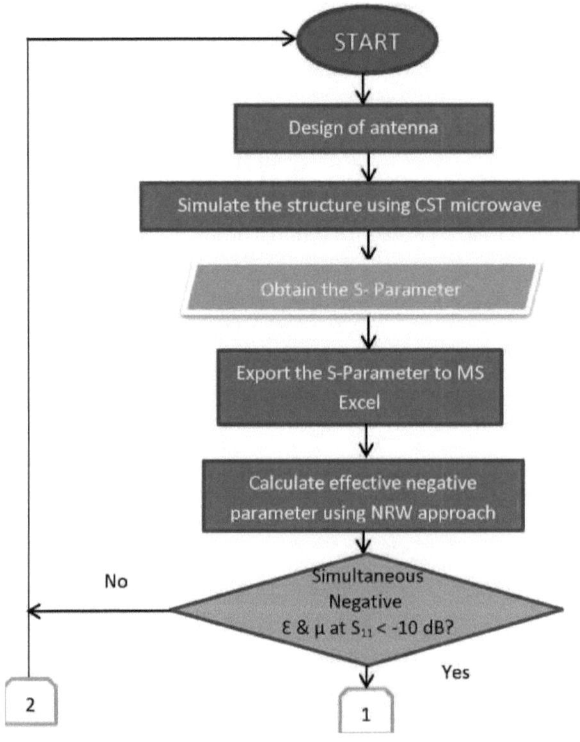

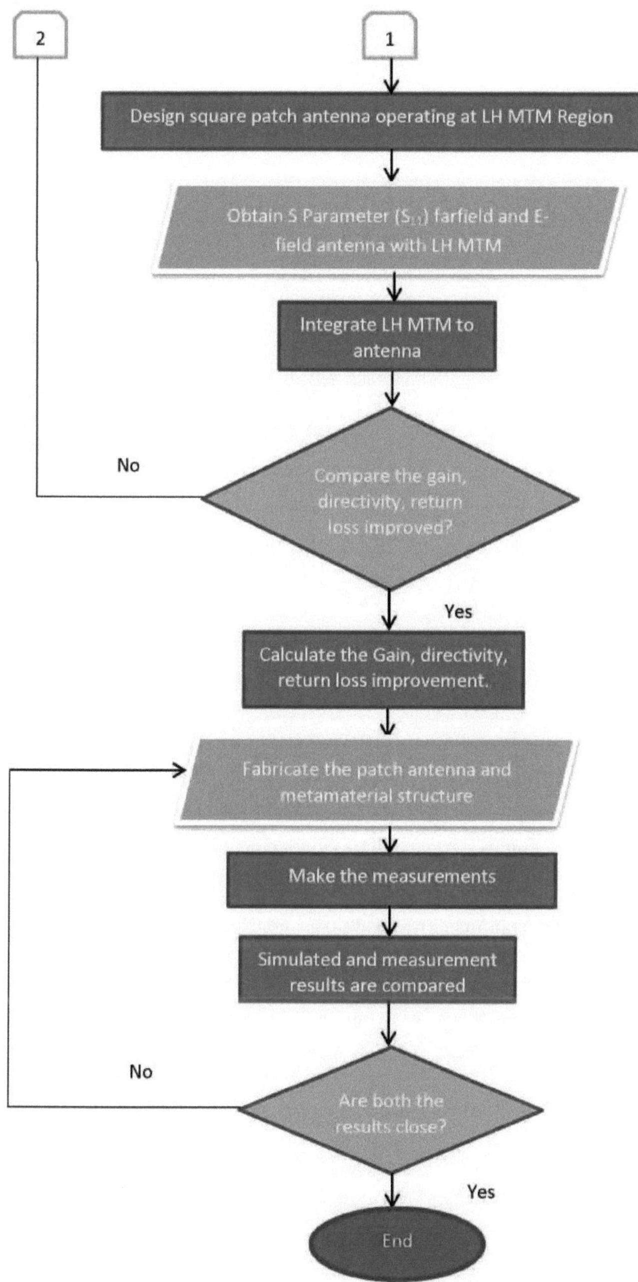

O CST Microwave Studio é um pacote de software completo para análise e conceção electromagnética na gama de alta frequência. Simplifica o processo de introdução da estrutura, fornecendo um poderoso front-end de modelação de sólidos que se baseia no núcleo de modelação ACIS. O forte feedback gráfico simplifica ainda mais a definição do seu dispositivo. Depois de o componente ter sido modelado, é aplicado um procedimento de criação de malha totalmente automático (baseado num sistema especializado) antes de o motor de simulação ser iniciado. Os simuladores incluem o método Perfect Boundary Approximation (PBA™) e a sua extensão Thin Sheet Technique (TST™), que aumenta a precisão da simulação numa ordem de grandeza em comparação com os simuladores convencionais. Uma vez que nenhum método funciona igualmente bem em todos os domínios de aplicação, o software contém quatro técnicas de simulação diferentes (solucionador transiente, solucionador de domínio de frequência, solucionador de modo próprio, solucionador de análise modal) que melhor se adaptam às suas aplicações específicas.

A ferramenta mais flexível é o solucionador transiente, que pode obter todo o comportamento de frequência de banda larga do dispositivo simulado a partir de apenas uma execução de cálculo (em contraste com a abordagem de passo de frequência de muitos outros simuladores). Este solucionador é muito eficiente para a maioria dos tipos de aplicações de alta frequência, como conectores, linhas de transmissão, filtros, antenas e muito mais.

Inicialmente, tudo começou com o cálculo da dimensão da antena patch para a frequência pretendida. Após o cálculo da dimensão, iniciou-se o trabalho com o CST-MWS. Toda a simulação e o trabalho foram efectuados no software CST.

Após a conclusão do projeto da antena de patch, a cobertura metamaterial foi introduzida a uma altura de 3,276 mm do solo. A introdução da cobertura metamaterial melhorou os parâmetros da antena patch. Neste processo de projeto, o autor compara os parâmetros antes e depois da implementação do metamaterial. Neste estudo, o autor utilizou metamateriais para melhorar os parâmetros e o resultado da simulação comparada é apresentado em pormenor no capítulo seguinte.

Mais tarde, neste estudo, após a simulação do software, a parte do hardware é concluída. A parte de hardware contém o processo desde o fabrico da placa de circuito impresso até à medição no analisador de espetro.

3.2 INTRODUÇÃO À ANTENA DE MICROFITA

A primeira antena prática foi desenvolvida por Howell e Munson. Desde então, iniciou-se uma investigação generalizada sobre antenas e matrizes de microfita. Devido às suas inúmeras vantagens, por exemplo, peso leve, baixo volume, baixo custo, configuração conforme, compatibilidade com circuitos integrados, etc.

A antena de microfita também é conhecida como antena de patch. Consiste numa tira metálica muito fina ($t \ll \lambda_0$; onde λ0 é o comprimento de onda no espaço livre) colocada a uma pequena fração de um comprimento de onda ($h \ll \lambda_0$, normalmente $0{,}003\lambda0$ h≤ ≤ $0{,}05\lambda_0$) acima de um plano de terra [5]. No projeto de antenas de microfita, podem ser utilizados vários substratos. A constante dieléctrica do substrato varia geralmente entre $2{,}2 \leq \varepsilon r \leq 12$. Os substratos espessos, cuja constante dieléctrica se situa na gama inferior, são os mais desejáveis para o desempenho da antena, uma vez que proporcionam uma melhor eficiência, uma maior largura de banda, campos frouxamente ligados para radiação para o espaço, mas à custa de um maior tamanho do elemento [5].

3.2.1 VISÃO GERAL DOS PARÂMETROS DA ANTENA [2-3], [89]:

Existem alguns parâmetros essenciais que devem ser considerados para caraterizar todos os projectos de antenas. Existem algumas fórmulas que são utilizadas para calcular a perda de retorno, o ganho, o VSWR, a eficiência e a largura de banda, respetivamente.

$$S_{ii}(dB) = 10log_{10}(\frac{P^+}{P^-}) \quad \text{.... (3.2.1.1)}$$

Sendo sendo o coeficiente de reflexão na porta n, a perda de retorno também pode ser definida como:

$$S_{ii}(dB) = -20log_{10}(|\Gamma_n|) \quad \text{.... (3.2.1.2)}$$

Onde,

$$|\Gamma_n| = \frac{V_o^-}{V_o^+} = \frac{Z_L - Z_o}{Z_L + Z_o} \quad \text{.... (3.2.1.3)}$$

$$Gain = 4\pi \frac{radiation\ intensity}{total\ input\ power} = 4\pi \frac{U(\vartheta,\varphi)}{P_{in}} \quad \text{..... (3.2.1.4)}$$

$$VSWR = \frac{1+|\Gamma|}{1-|\Gamma|} \quad \text{..... (3.2.1.5)}$$

$$Efficiency\,(e_{rad}) = \frac{P_{rad}}{AP} = AP - power\ dissipated\ in\ the\ antenna \quad \text{.... (3.2.1.6)}$$

$$Total\ efficiency\,(e_t) = e_r e_c e_d \quad \text{.... (3.2.1.7)}$$

$$Bandwidth = \frac{VSWR-1}{Q\sqrt{VSWR}}\text{; Where Q is quality factor} \quad \text{.... (3.2.1.8)}$$

3.2.2 FREQUÊNCIA DE RESSONÂNCIA

A frequência de ressonância para o modo (1, 0) é dada por

$$f_o = \frac{c}{2Le\sqrt{\varepsilon_r}} \quad \text{.... (3.2.2.9)}$$

Para ter em conta a franja dos campos de cavidade nas extremidades do remendo, o comprimento, o comprimento efetivo Le é escolhido como:

$Le = L + 2\Delta L$ .... (3.2.2.10)

A fórmula de Hammerstad para a extensão da franja é

$$\frac{\Delta L}{h} = 0.412\frac{(\varepsilon_{eff}+0.3)\left(\frac{W}{h}+0.264\right)}{(\varepsilon_{eff}-0.258)\left(\frac{W}{h}+0.8\right)}$$ .... (3.2.2.11)

$$\varepsilon_{reff} = \frac{\varepsilon_r+1}{2} + \frac{\varepsilon_r-1}{2}\left(\frac{1}{\sqrt{1+\frac{12h}{W}}}\right)$$ .... (3.2.2.12)

$$W = \frac{1}{2f_r\sqrt{\mu_0\varepsilon_0}}\sqrt{\frac{2}{\varepsilon_r+1}} = \frac{c}{2f_r}\sqrt{\frac{2}{\varepsilon_r+1}}$$ .... (3.2.2.13)

Onde,

ε_{reff}= Constante dieléctrica efectiva,

ε_r = Constante dieléctrica do substrato,

h = altura do substrato dielétrico, e

W = Largura da mancha

3.3 TÉCNICAS DE ALIMENTAÇÃO PARA ANTENAS DE MICROSTRIP PATCH

As antenas de microfita podem ser alimentadas por uma variedade de métodos. Estes métodos podem ser classificados em duas categorias: com contacto e sem contacto. A técnica de alimentação com contacto é aquela em que a potência é alimentada diretamente para a mancha radiante utilizando um elemento de ligação como a linha Microstrip.

A técnica sem contacto é aquela em que o acoplamento do campo eletromagnético é efectuado para transferir energia entre a linha Microstrip e a mancha radiante. As quatro técnicas de alimentação mais utilizadas são a linha Microstrip, a sonda coaxial (ambos os esquemas com contacto), o acoplamento de abertura e o acoplamento de proximidade (ambos os esquemas sem contacto).

Neste trabalho de investigação, utilizámos a técnica de alimentação por linha Microstrip, que é descrita resumidamente a seguir.

3.3.1 ALIMENTAÇÃO DE LINHA MICROSTRIP

Neste tipo de técnica de alimentação, uma tira condutora é ligada diretamente à extremidade do Patch Microstrip, como se mostra na figura. A tira condutora tem uma largura mais pequena do que a do patch e este tipo de alimentação tem a vantagem de poder ser gravada no mesmo substrato para obter uma estrutura plana.

3.4 SIMULAÇÃO COM CST-MWS

Para conceber a antena de remendo, o primeiro passo é calcular os parâmetros necessários para a sua conceção. Depois de obter estes valores necessários, os resultados simulados são obtidos utilizando o software CST-2010. Os patches rectangulares são fabricados no material de substrato epóxi/vidro. Resultados medidos e simulados do patch em 2GHz

A frequência ressonante será comparada com e sem a implicação da estrutura metamaterial e apresentada sob a forma de gráfico.

Uma das antenas de microfita projectadas e a estrutura metamaterial proposta.

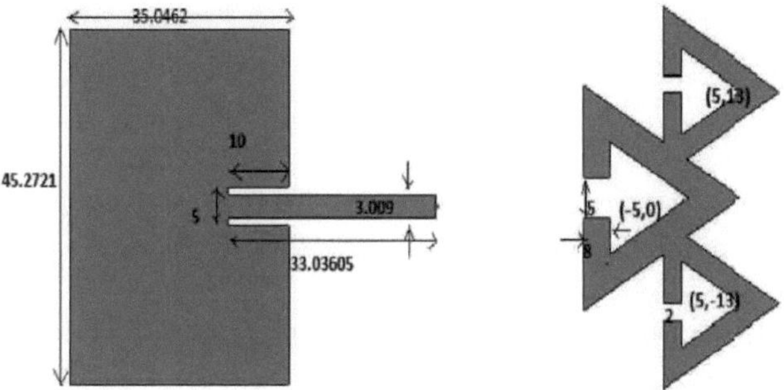

Fig. 3.4.1: RMPA projetado na freq. 2 GHz. **Fig. 3.4.2**: Estrutura metamaterial proposta

3.5 PROCESSO DE CÁLCULO NO SOFTWARE MICROSOFT EXCEL

Esta poderosa ferramenta foi utilizada para verificar as propriedades duplamente negativas [19] dos projectos propostos. Os projectos propostos são colocados entre as duas portas de guia de ondas, quer no topo e na base do eixo Y, quer à esquerda e à direita do eixo X, para calcular os parâmetros S11 e S21, de modo a provar que a estrutura proposta possui propriedades de metamaterial duplo negativo. A abordagem de Nicolson-Ross-Weir é utilizada para verificar os valores negativos da permissividade e da permeabilidade.

3.6 ABORDAGEM NRW (NICOLSON-ROSS-WEIR)

A fim de obter uma aproximação mais precisa da permissividade e da permeabilidade, a abordagem NRW modificada foi estudada e aplicada neste projeto. A abordagem NRW é uma técnica comummente utilizada para determinar o valor da permissividade e da permeabilidade. Depois de definir a porta da guia de onda, um dos planos X ou Y é definido como Fronteira Eléctrica Perfeita (PEB) e o plano Z foi definido como Fronteira Magnética Perfeita (PMB) [12]. Posteriormente, a onda será excitada a partir do eixo X ou Y negativo (Porta 1) em direção ao eixo X ou Y positivo (Porta 2), dependendo da condição de fronteira que seleccionarmos. Esta configuração imita a guia de ondas e é adequada para calcular os parâmetros S para a extração dos parâmetros efectivos mais tarde.

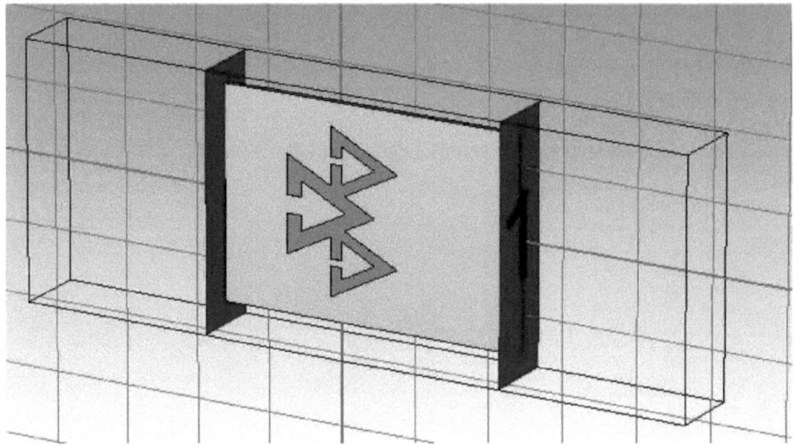

Fig. 3.5.1: Estrutura metamaterial proposta entre as duas portas de guia de ondas à esquerda e à direita do eixo X

NRW (Nicolson e Ross, 1970; Weir, 1974) A modelação NRW [90] é o método mais comummente utilizado para efetuar o cálculo da permissividade e permeabilidade complexas dos materiais. Os parâmetros S obtidos são depois exportados para o software Microsoft Excel para calcular o valor da permissividade e da permeabilidade do projeto proposto, utilizando o modelo Nicolson-Ross-Weir (NRW).

Equações utilizadas para calcular a permissividade e a permeabilidade utilizando a abordagem NRW-

$$\mu_r = \frac{2.c(1-v2)}{\omega.d.i(1+v2)} \quad \text{.... (3.6.1)}$$

$$\varepsilon_r = \mu_r + \frac{2.S11.c.i}{\omega.d} \quad \text{.... (3.6.1)}$$

Onde,

1 = S11 + S21

2 = S21 - S11

= Frequência em radianos,

d = Espessura do substrato,

c = Velocidade da luz,

1 = Máximos de tensão, e

2 = Mínimos de tensão.

Exemplo de resultado gráfico da abordagem NRW.

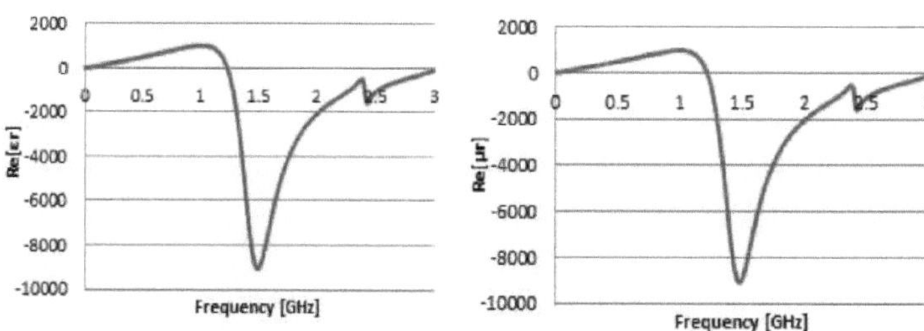

Fig. 3.6.1: Gráfico de permissividade v/s frequência. **Fig. 3.6.2:** Gráfico de permeabilidade v/s frequência.

3.7 PROCESSO DE FABRICO

O fabrico de uma antena é efectuado em várias etapas. (o mesmo processo é utilizado para fabricar a estrutura metamaterial, que é depois incorporada na RMPA para modificar os parâmetros)

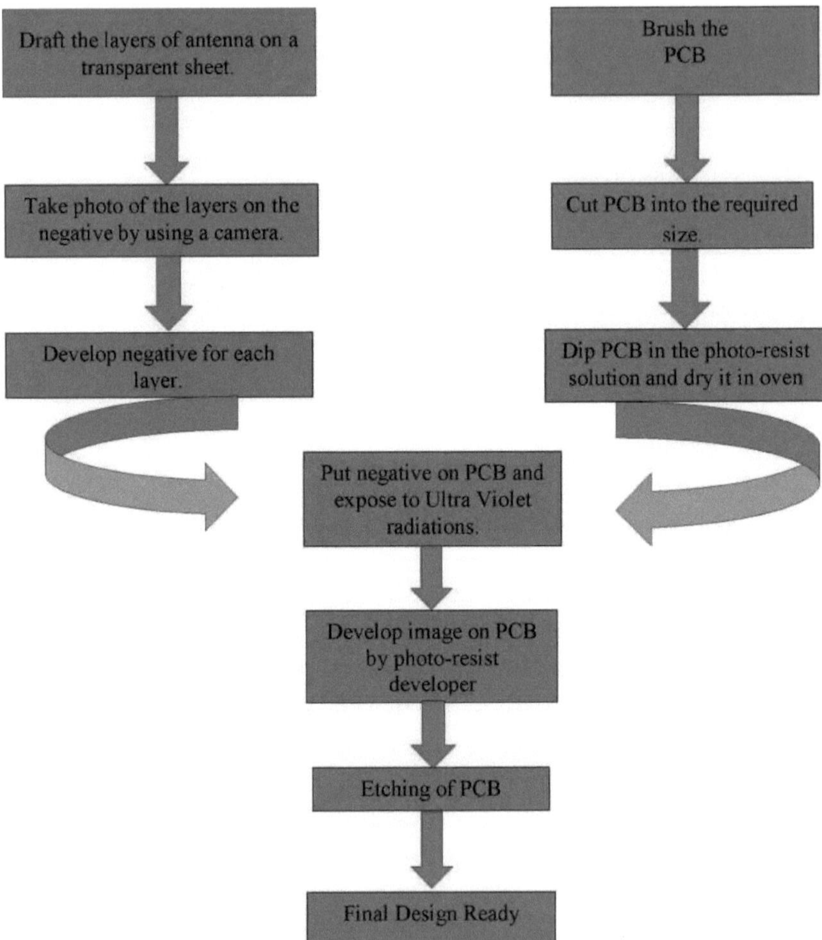

Fig 3.7.1: Diagrama de fluxo de fabrico/PCB Design.

O fabrico consiste em três fases principais. As fases são a exposição aos raios UV, a revelação e o processo de gravação.

3.7.1 Exposição aos raios UV

A exposição UV é utilizada para transferir a imagem do padrão do circuito com uma película numa máquina de exposição UV para a placa laminada com resistência fotográfica. Este processo demora normalmente 2 minutos. Para transferir a antena para uma película, é utilizado o software Auto CAD (Computer Added Drawing). Ao utilizar este software, o valor real da antena simulada pode ser transferido facilmente. A figura abaixo mostra a máquina de exposição UV.

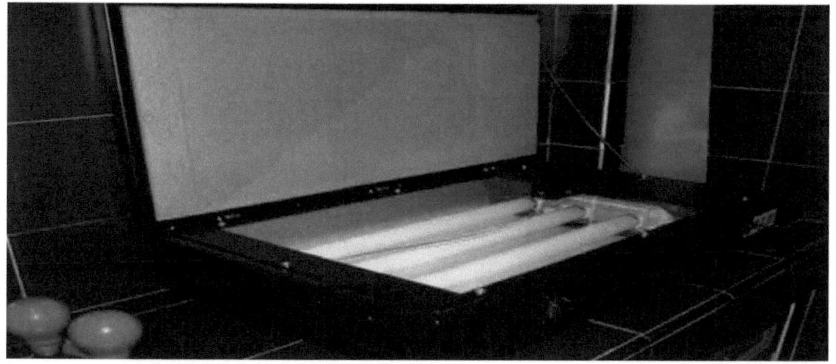

Fig 3.7.1.1 : Máquina de exposição aos raios UV

3.7.2 ETCHING

No processo de desenvolvimento, é utilizada uma solução de cloreto férrico e água. A antena exposta do processo acima referido, com uma face totalmente pintada para proteger a parte do solo, é colocada nesta solução e deixada de lado, demorando cerca de 15 minutos a remover completamente a parte de cobre indesejada. Segue-se imediatamente a remoção solução por lavagem com spray. A área pintada pode ser removida posteriormente com uma solução mais fina.

Uma imagem do processo de gravação é mostrada abaixo.

Fig 3.7.2.1: Processo de gravura

3.7.3 MEDIÇÃO

Após o fabrico, o conetor SMA é soldado à antena de microfita. Após a conclusão, a perda de retorno da antena é então medida utilizando o Analisador de Espectro.

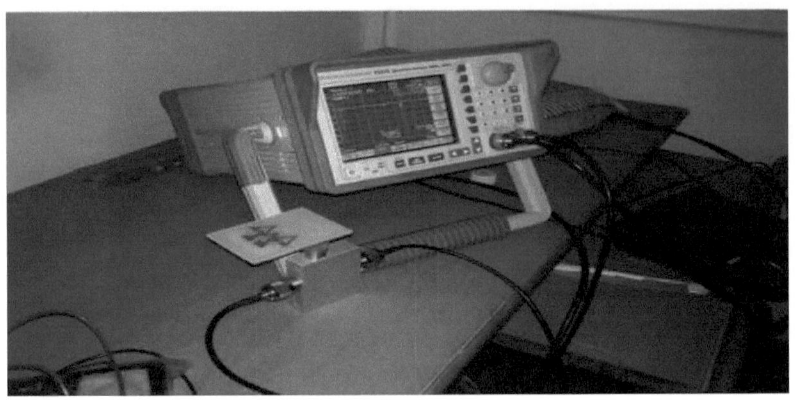

Fig 3.7.3.1 : Medição com o analisador de espetro.

CAPÍTULO 4

SIMULAÇÃO E MEDIÇÃO DE RMPA ISOLADO E COM CONCEPÇÕES PROPOSTAS DE METAMATERIAIS À ESQUERDA

4.1 INTRODUÇÃO

No capítulo anterior, foi apresentado o processo de conceção de toda a investigação. Neste capítulo, o desempenho da antena, como o ganho, a directividade, a perda de retorno, bem como outras caraterísticas de apoio da antena (eficiência total e largura de banda) da antena de microfita incorporada com o LHM, foram simulados, medidos e traçados [85-87] [88] e a técnica de redução do tamanho da antena de retalho convencional também é discutida.

4.2 MELHORAMENTO DOS PARÂMETROS DE UMA ANTENA PATCH COMPACTA UTILIZANDO METAMATERIAIS DE MÃO ESQUERDA NA BANDA L

Esta antena de retalho retangular foi concebida para uma frequência de ressonância de 2 GHz utilizando o modelo de linha de transmissão [6]. Esta secção descreve o projeto de uma antena de microfita retangular que satisfaz as especificações dadas

Quadro 4.2.1 Especificação do projeto da RMPA

Frequência de funcionamento	2 GHz
Constante dieléctrica	4.4
Espessura do substrato do remendo	1,6 mm
Espessura do solo do remendo	0,038 mm

Dimensão da pala: As dimensões do remendo podem ser calculadas aplicando a fórmula indicada no capítulo 3. Assim, as dimensões são: Comprimento (L) = 35,0462 mm, Largura (W) = 45,2721 mm, comprimento do avanço = 33,03605, e largura do avanço = 3,009mm.

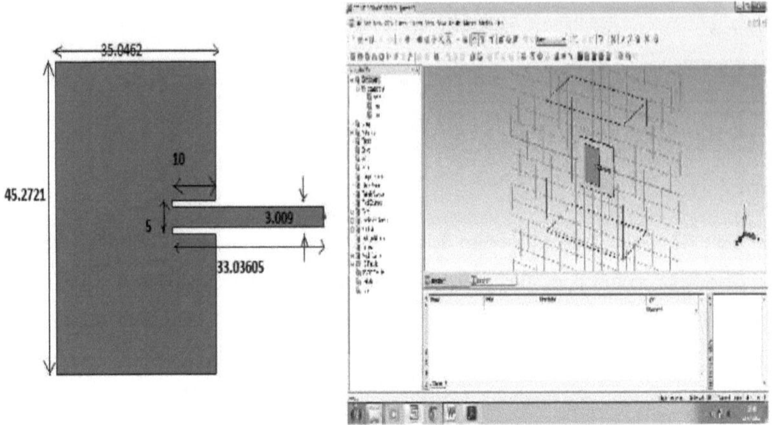

Fig. 4.2.1: (a) Geometria do RMPA proposto (b) Estrutura projectada no CST-MWS.

4.2.1 Configuração de simulação e resultado do RMPA proposto

Os resultados simulados da antena proposta são apresentados nas figuras seguintes:

4.2.1.1 Perda de retorno e largura de banda da antena: A Figura 4.2.2 mostra os parâmetros S11 (perda de retorno = -13dB) para a antena proposta. A antena projectada entra em ressonância a 2GHz. Quanto mais negativa for a perda de retorno, maior será o acoplamento e, por conseguinte, maior será a directividade e o ganho da antena proposta numa determinada direção.

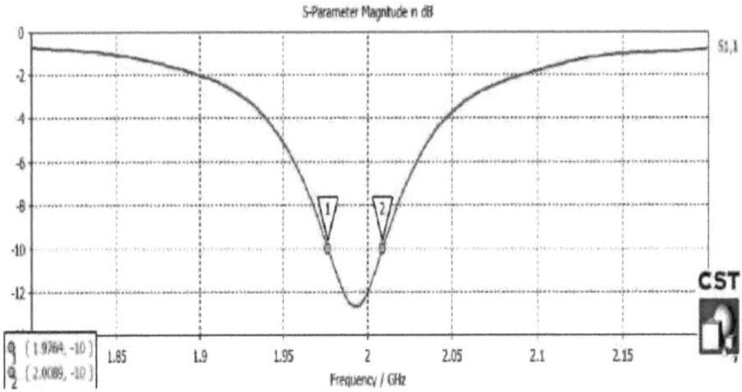

Fig. 4.2.2: Após o resultado da simulação da antena Patch mostrando perda de retorno de -13dB.

4.2.1.2 Directividade: O gráfico de directividade (figura 4.2.3) representa a quantidade de intensidade de radiação, ou seja, igual a 5,321dBi. A antena simulada irradia mais potência na direção do máximo do lóbulo principal, que é cerca de 100 vezes superior à irradiada por uma antena isotrópica não direcional para a mesma potência de entrada.

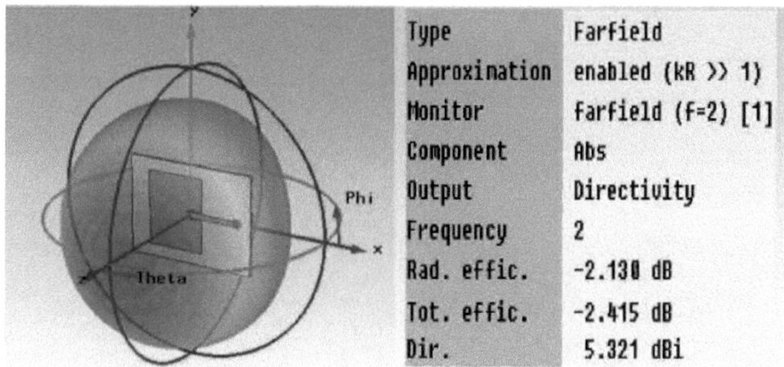

Fig. 4.2.3 : Padrão de radiação da antena retangular de microfita com uma directividade de 5,321dBi.

Após a simulação RMPA, a estrutura metamaterial proposta foi integrada a uma altura de 3,276 mm do plano de base, como se mostra na fig. 4.2.4.

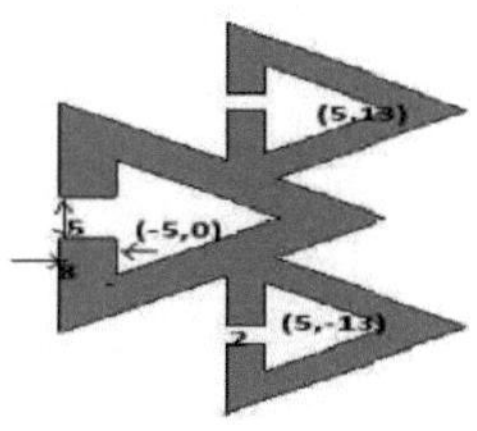

Fig. 4.2.4: Cobertura de antenas rectangulares de microfita com estrutura metamaterial a uma altura de 3,276 mm do plano de base.

Os resultados simulados da antena carregada com metamateriais são apresentados de seguida. Através do cálculo e da simulação, verificou-se que os parâmetros potenciais como [10] (ganho, eficiência total e directividade) da antena resultante aumentam significativamente em comparação com a antena de perímetro básica [80], [81]. A perda de retorno da estrutura metamaterial resultante é reduzida em 20dB, como se pode ver nas figuras 4.2.2 e 4.2.5, e a directividade foi melhorada em 0,946dBi (figuras 4.2.3 e 4.2.6).

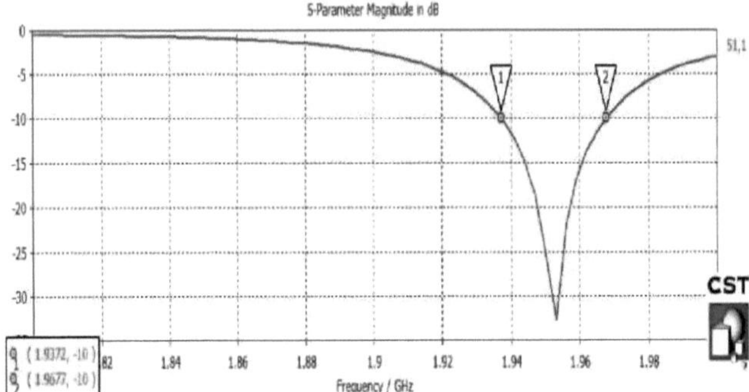

Fig. 4.2.5: Resultado simulado da estrutura metamaterial proposta mostrando perda de retorno de -33dB.

O padrão de radiação é definido como a potência emitida (transmitida) ou aceite (recebida) por uma antena em função da posição inclinada e da distância radial à antena. Descreve a forma como uma antena direciona a energia que irradia e é determinante na região do campo distante. A fig. 4.2.6 abaixo mostra o padrão de radiação da estrutura metamaterial proposta.

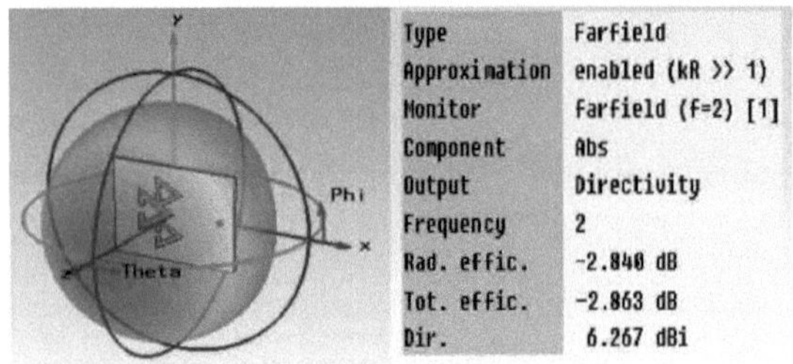

Fig. 4.2.6: Padrão de radiação da estrutura metamaterial proposta mostrando uma directividade de 6,267dBi.

4.2.1.3 Gráfico de Smith: O gráfico de Smith (figura 4.2.7) representa a forma como a impedância da antena varia com a frequência. Os gráficos de Smith [77] na figura abaixo da antena coberta por metamateriais proposta mostram a correspondência de impedância na gama de frequências simulada.

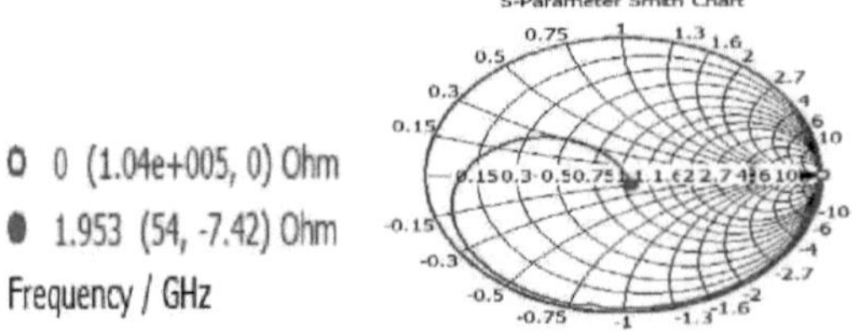

Fig. 4.2.7: Gráfico de Smith da estrutura metamaterial proposta a 2 GHz.

A figura 4.2.8 (a), (b) mostra o hardware da antena proposta e o ensaio experimental da RMPA juntamente com a estrutura metamaterial projectada, respetivamente. A figura mostra que o resultado prático é idêntico ao resultado simulado pelo software CST na gama de frequências de funcionamento e que a perda de retorno é significativamente reduzida após a implementação da estrutura metamaterial proposta.

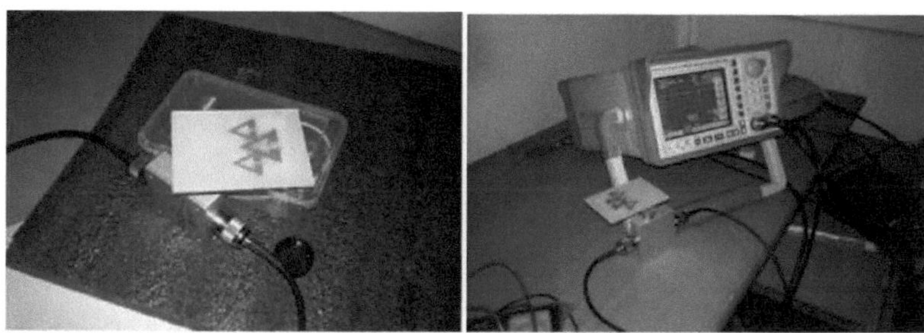

Fig. 4.2.8: (a) Hardware fabricado do RMPA sobreposto com a estrutura metamaterial "LHM" 1,6 mm acima do patch. (b) Testes experimentais efectuados no analisador de espetro do RMPA concebido, carregado com a estrutura metamaterial.

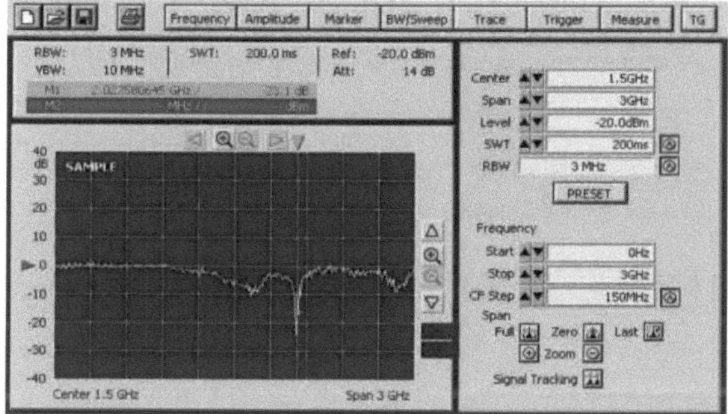

Fig. 4.2.9: Resultado medido na prática do RMPA proposto com a implementação de estrutura metamaterial mostrando perda de retorno de -23.1dB.

Os valores calculados da permissividade (ε) e da permeabilidade ( ) foram calculados utilizando as equações definidas no capítulo 2 (método NRW) na gama de frequências simulada. O gráfico da fig. 4.2.10 (a), (b) mostra que a estrutura metamaterial resultante possui valores negativos de permissividade e permeabilidade na frequência de ressonância.

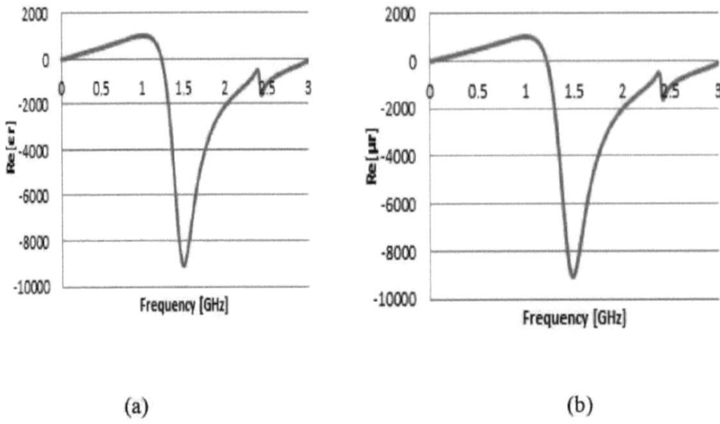

(a) (b)

Fig. 4.2.10: (a) Gráfico de permissividade versus frequência obtido a partir da formulação do Microsoft Excel. (b) Gráfico de Permeabilidade versus Frequência obtido a partir da formulação do Microsoft Excel.

Resultados: A antena concebida pode ser utilizada em muitas aplicações de micro-ondas na gama de frequências da banda L (1-2GHz) que requerem uma largura de banda estreita, uma perda de retorno reduzida, uma elevada directividade e uma eficiência total melhorada na frequência de funcionamento. Na fig. 4.2.7, o diagrama de Smith apresentado prova que a frequência de 1,953 GHz está emparelhada com a impedância de 50 Ohm. A estrutura coberta de metamateriais projectada melhora significativamente as caraterísticas da antena. As propriedades duplamente negativas da estrutura metamaterial proposta também foram verificadas utilizando a abordagem NRW.

4.3 MINIATURIZAÇÃO DO WLAN FEELER UTILIZANDO MEIOS COM UM ÍNDICE DE REFRACÇÃO NEGATIVO

Inicialmente, as dimensões foram calculadas para a frequência de ressonância de funcionamento, ou seja, 2,05 GHz, utilizando as fórmulas indicadas no capítulo 3. As dimensões calculadas são comprimento = 34,1642, largura = 44,113028, largura de alimentação = 3,56, comprimento de alimentação = 24,783. Todas as dimensões estão em mm. A antena de patch projectada, utilizando estes parâmetros calculados, é apresentada na figura 4.3.1.

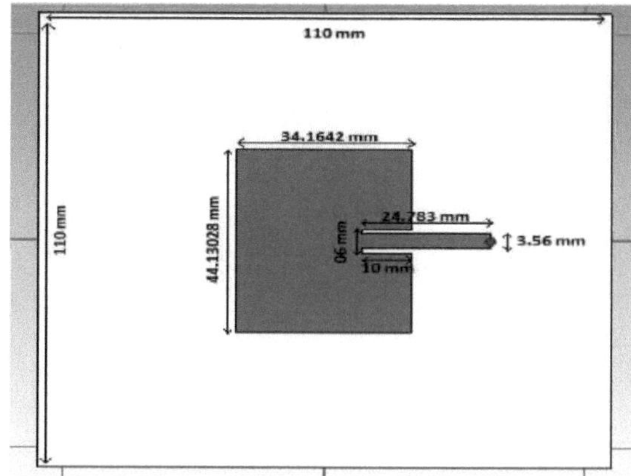

Fig 4.3.1: Vista dimensional do layout da antena patch em 2,05 GHz.

4.3.1 Perda de retorno e largura de banda da antena: A Figura 4.3.2 mostra os parâmetros S11 (perda de retorno) para a antena proposta em ressonância a 2,052 GHz, com um valor de -10,12869 dB. Pode dizer-se que a largura de banda da antena é a gama de frequências em que a perda de retorno é superior a -10 dB (corresponde a um VSWR de 2). Assim, a largura de banda da antena pode ser calculada a partir do gráfico da perda de retorno em função da frequência. A largura de banda da antena proposta é de 7,7 MHz e a frequência de ressonância é de 2,052 GHz. Quanto maior for a perda de retorno, maior será o acoplamento. Se o acoplamento for maior, então a antena terá mais directividade, aumentando assim o ganho da antena.

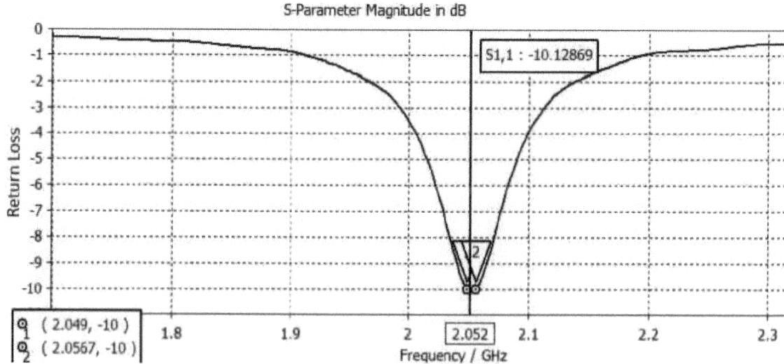

Fig. 4.3.2: Resultado simulado do RMPA sozinho.

Após a simulação RMPA, a cobertura metamaterial é implementada sobre a antena patch a uma altura de 3,2 mm do solo. A estrutura metamaterial proposta implementada como cobertura da antena com a sua dimensão utilizada no projeto proposto é apresentada na figura 4.3.3.

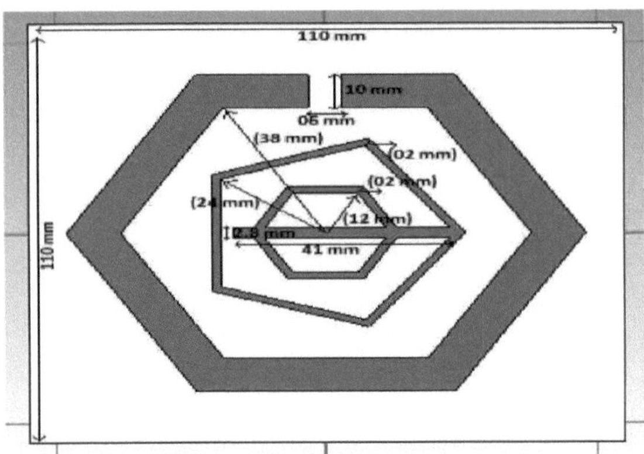

Fig. 4.3.3: Estrutura de meios negativos incorporados utilizada para reduzir o tamanho da antena.

O resultado da simulação após a implementação do metamaterial sobre a antena de microfita retangular a uma altura de 3,2 mm do solo melhora a propriedade do RMPA sozinho e reduz o tamanho da antena deslocando o mergulho mais baixo para uma frequência diferente da frequência operativa, ou seja, a 0,651 GHz. O tamanho da antena está a ser reduzido para 65%. O resultado da simulação com o metamaterial é apresentado na figura 4.3.4.

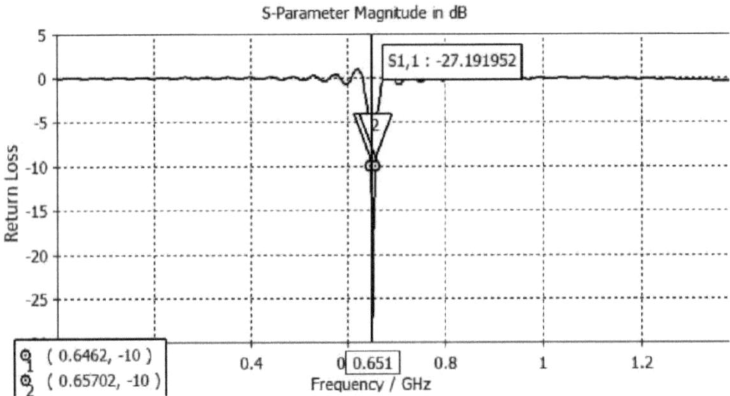

Fig. 4.3.4: Resultado simulado do RMPA reduzido carregado com estrutura metamaterial mostrando perda de retorno de -27,191952dB e largura de banda de 10,82 MHz a 0,651 GHz.

As figuras 4.3.6 e 4.3.7 mostram o valor negativo da permissividade e da permeabilidade na gama de frequências de funcionamento. O cálculo efectuado utilizando as fórmulas (descritas no capítulo 2nd) pertence à abordagem NRW. Na abordagem NRW, o projeto proposto de uma antena de circuito integrado com uma estrutura metamaterial colocada entre duas portas de guia de ondas em ambos os lados da antena no eixo X para calcular os parâmetros S11 e S21. Os planos Y e Z são definidos como os limites elétrico e magnético perfeitos, respetivamente. Em seguida, a onda foi excitada na direção da porta 2 a partir da porta 1 ou da esquerda para a direita.

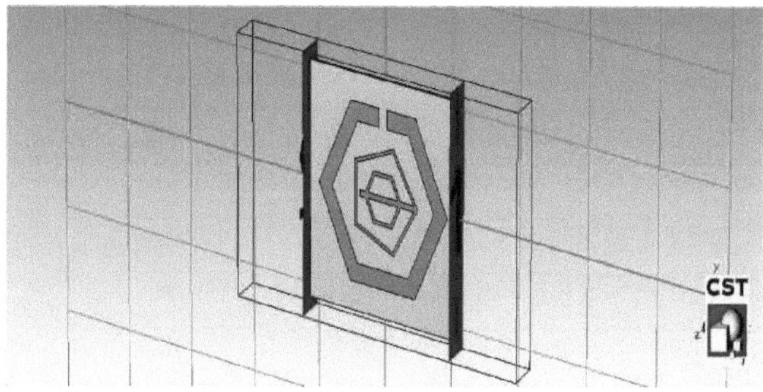

Figura 4.3.5: Estrutura metamaterial proposta entre duas portas de guia de ondas.

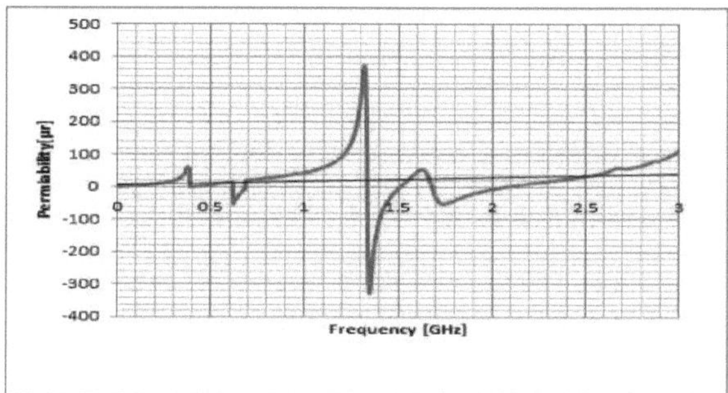

Fig. 4.3.6: Gráfico de permeabilidade versus frequência obtido a partir do software Excel.

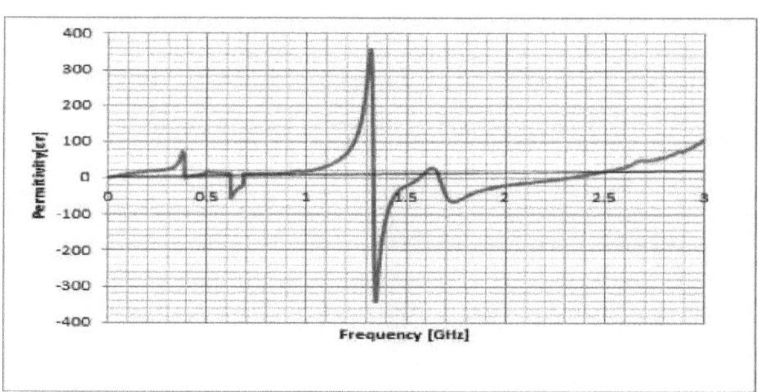

Fig. 4.3.7: Gráfico da permissividade versus frequência obtido a partir do software Microsoft Excel.

A tabela gerada para a permissividade e a permeabilidade utilizando o software MS-Excel era demasiado grande, pelo que a Tabela 4.3.1 e a Tabela 4.3.2 mostram o valor negativo da permissividade e da permeabilidade apenas na gama de frequências 0,6419-0,6539GHz.

Tabela 4.3.1: Valores de amostragem da permeabilidade a 0,651GHz calculados no software MS Excel.

Frequência [GHz]	Permeabilidade [μ_r]	Re [μr]
0.6419999	-31.9316370277838-14.5648307462409i	-31.93163703
0.64499998	-29.5759201229285-14.3467942395896i	-29.57592012
0.648	-27.3064654388456-14.1729215593206i	-27.30646544
0.6509999	-25.1190003040519-14.0363460044533i	-25.1190003
0.65399998	-23.0080937796368-13.9305290718914i	-23.00809378

Tabela 4.3.2: Valores de amostragem da permissividade a 0,651GHz calculados no software MS Excel.

Frequência [GHz]	Permissividade[ε_r]	Re [ε_r]
0.6419999	-37.1552405011718-24.6492429073745i	-37.1552405
0.64499998	-35.314195613912-25.2329994815107i	-35.31419561
0.648	-33.6325777383075-25.8021819587365i	-33.63257774
0.6509999	-32.0899516273428-26.3433936840906i	-32.08995163
0.65399998	-30.665474813861-26.8496952334226i	-30.66547481

Após a prova do metamaterial, definiu-se que a estrutura proposta para miniaturizar a antena era metamaterial. Após a prova, o hardware do projeto proposto foi construído e analisado com um analisador de espetro e os resultados do RMPA isolado e do sensor incorporado foram comparados. As figuras são mostradas abaixo.

Fig. 4.3.8: Hardware do RMPA sozinho a 2,05 GHz.

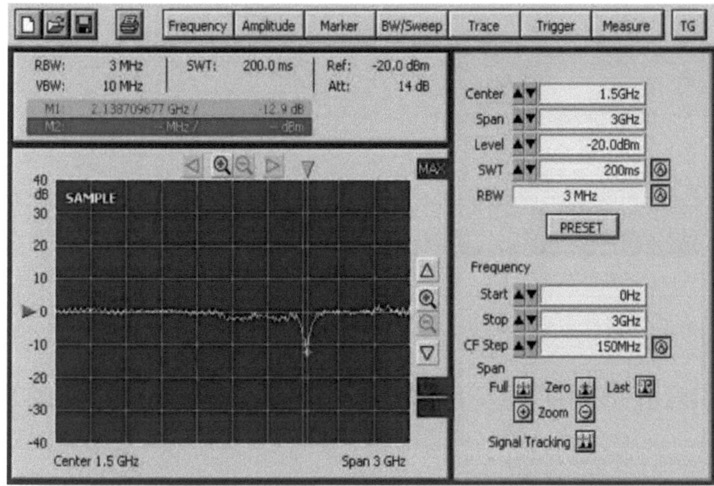

Fig. 4.3.9: Resultado analisado do patch mostrando perda de retorno de -12,9 dB a 2,13 GHz.

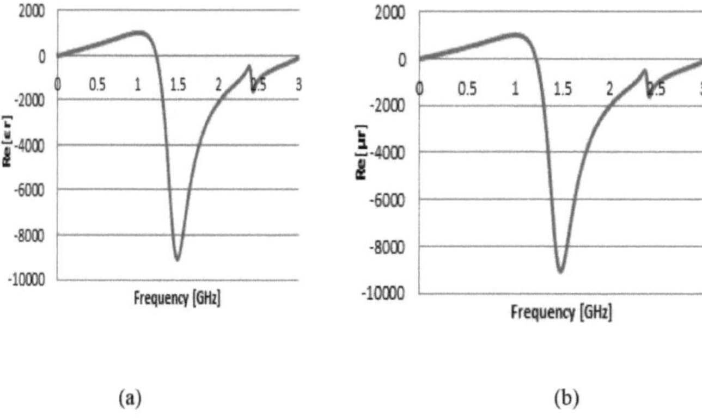

(a) (b)

Fig. 4.3.10: Estrutura metamaterial incorporada sobre a superfície do patch.

Figura 4.3.11: Resultado analisado após a incorporação do meio negativo mostrando a perda de retorno a 0,76 GHz.

Tabela 4.3.3: Tabela de comparação.

	Dimensões do RMPA sozinho a 0,651GHz	Dimensões do RMPA usando metamateriais em 0,651GHz	Unidade
Comprimento	110.9574	34.1642	mm

Largura	141.5426	44.1302	mm
Largura de corte	20	6	mm
Comprimento de corte	35	10	mm
comprimento da alimentação	85.2926	24.7830	mm
Largura da alimentação	14	3.56	mm

Resultado: Ao enfatizar a RMPA com o "meio com um índice de refração negativo" ou a estrutura metamaterial como cobertura da RMPA, a frequência em que mostra a sua potência máxima de saída ou a perda de retorno mais baixa é 0,651 GHz, quer a frequência de funcionamento seja 2,05 GHz. A Tabela 4.3.1 mostra a comparação da antena patch projectada à frequência de 0,651 GHz e a 2,05 GHz com metamaterial. A RMPA a 0,651GHz consome uma grande área em vez da RMPA a 2,05GHz. Devido à grande diferença entre as duas frequências de funcionamento, a RMPA de 2,05 GHz não pode ser utilizada na primeira frequência. Com o uso de metamateriais foi possível que a antena na frequência de operação de 2,05GHz pudesse trabalhar na frequência de 0,651GHz com 65% menos área e resultados mais precisos [8], [10]. Como grande largura de banda e baixa perda de retorno. As figuras 4.3.2 e 4.3.4 mostram a comparação da perda de retorno e da largura de banda do RMPA isolado e com o metamaterial. Verifica-se que a perda de retorno é reduzida em 17dB e a largura de banda é aumentada em 3MHz na estrutura proposta. As Figuras 4.3.6 e 4.3.7 mostram o valor negativo da permissividade e da permeabilidade [79] na frequência de funcionamento de 0,651GHz. Isto prova que o projeto proposto é uma estrutura metamaterial.

4.4 MELHORIA DOS PARÂMETROS DO APALPADOR DE BANDA L UTILIZANDO MEIOS NEGATIVOS

Para conceber a antena de remendo, o primeiro passo é calcular os parâmetros necessários para a sua conceção. Depois de obter os valores necessários, os resultados simulados são obtidos utilizando o software de simulação Computer Simulation Technology Microwave Studio (CST-MWS). A figura 4.4.1 abaixo representa a estrutura da antena de microfita retangular a 1,95 GHz, cujas especificações de conceção são mencionadas a seguir.

Especificações:

1) Largura da mancha = 38,393 mm.

2) Comprimento do remendo = 29,779 mm.

3) Frequência de funcionamento = 1,95 GHz.

4) O material dielétrico é epóxi de vidro com material dielétrico = 4,3

5) Altura do substrato = 1,6 mm.

6) Tangente de perda = 0,02

7) Profundidade de corte do remendo = 10 mm

8) Largura de corte do remendo = 5 mm

9) Largura da linha de traço = 3,009 mm.

10) Comprimento da linha de traço = 29,196 mm.

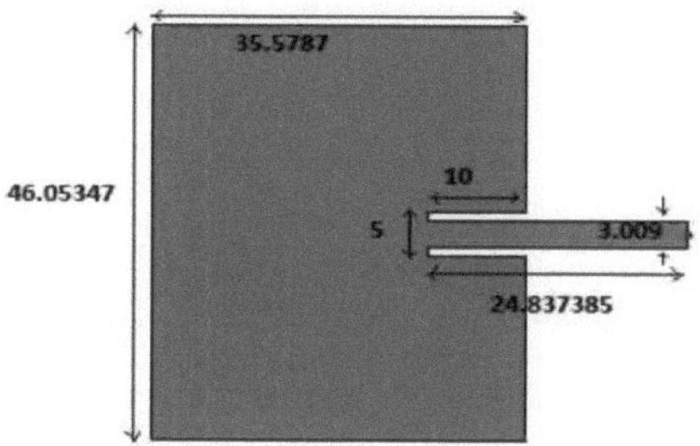

Figura 4.4.1: Patch retangular a 1,95 GHz.

A perda de retorno e a largura de banda da antena são apresentadas na Figura 4.4.2. A perda de retorno s_{11} é de - 11 dB para a antena proposta. A antena projectada entra em ressonância a 1,958 GHz. Quanto mais negativa for a perda de retorno, maior será o acoplamento e, por conseguinte, maior será a directividade e o ganho da antena proposta numa determinada direção. A largura de banda da antena simulada é de 15,5 MHz e a frequência de ressonância é de 1,958 GHz (1,9522 GHz-1,9677 GHz).

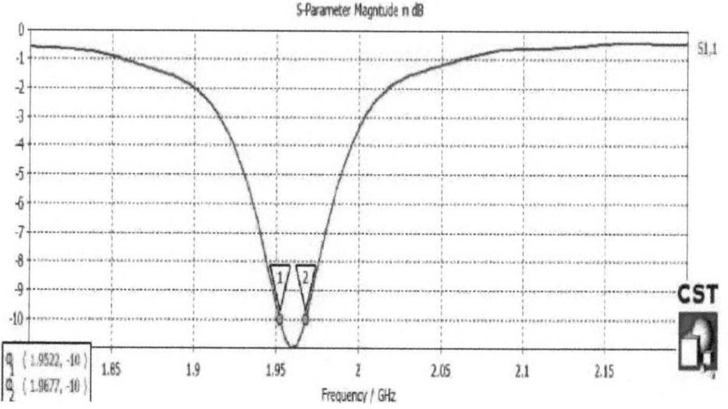

Figura 4.4.2: Resultado simulado da antena retangular de microfita com perda de retorno de -11dB

e largura de banda de 15,5MHz (1,9522 GHz-1,9677 GHz).

O padrão de radiação de uma antena é geralmente o seu requisito mais básico, pois determina a distribuição da energia irradiada no espaço. Uma vez que a freqüência de operação é conhecida, o padrão de radiação é a primeira propriedade de uma antena que é especificada. O padrão de radiação da RMPA operando a 1,95 GHz é mostrado na figura 4.4.3. A figura mostra uma directividade de 5,193 dBi e uma eficiência total de 63,41 %. O ganho está estreitamente associado à directividade e a própria directividade depende inteiramente da forma dos padrões de radiação da antena. O ganho da antena é inversamente proporcional à perda de retorno da antena.

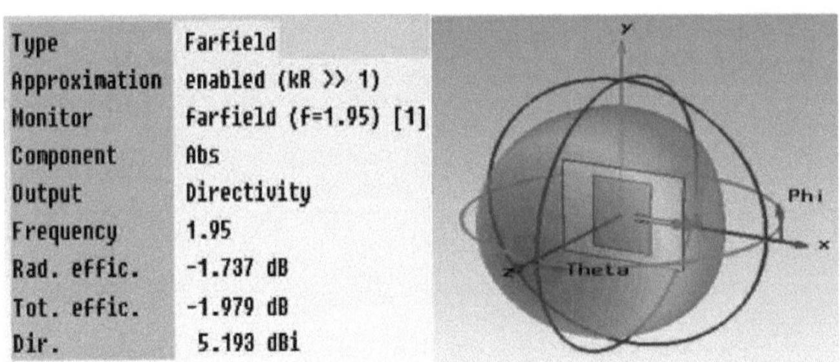

Figura 4.4.3: Padrão de radiação da antena retangular de microfita com uma directividade de 5,193 dBi.

Projeto e caraterização de uma antena compacta de microfita com estrutura metamaterial em forma de "Split Pentagonal

Após a simulação RMPA, o metamaterial é implementado como uma cobertura sobre a antena de patch a uma altura de 3,267 mm do solo. A estrutura metamaterial inovadora proposta, com as dimensões utilizadas no projeto proposto, é apresentada na figura 4.4.4.

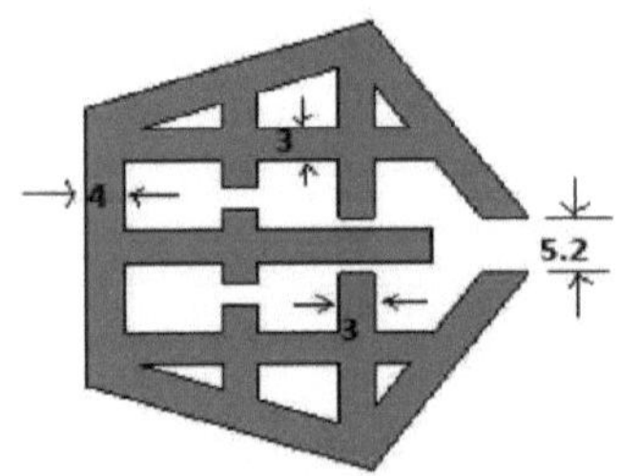

Figura 4.4.4: Antena retangular de microfita carregada com uma estrutura metamaterial em forma de "SPLIT PENTAGONAL" (todas as dimensões em mm).

A perda de retorno e a largura de banda da antena são apresentadas na Figura 4.4.5. A perda de retorno

s_{11} é de - 31,81 dB para a antena proposta. A antena projectada entra em ressonância a 1,92 GHz. Quanto mais negativa for a perda de retorno, maior será o acoplamento e, por conseguinte, maior será a directividade e o ganho da antena proposta numa determinada direção. A largura de banda da antena simulada com metamaterial é de 37,837 MHz e a frequência de ressonância é de 1,92 GHz (1,9004 GHz-1,9426 GHz).

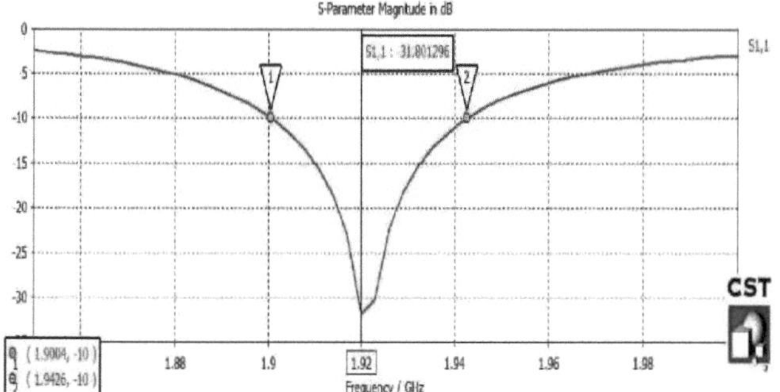

Figura 4.4.5: Resultado simulado da estrutura metamaterial proposta mostrando perda de retorno de -36,81dB e largura de banda de 37,837 MHz (1,9004 GHz-1,9426 GHz).

O padrão de radiação do RMPA, juntamente com a estrutura metamaterial, a funcionar a 1,92 GHz é apresentado na Figura 4.4.6. A figura mostra uma directividade de 6,135 dBi e uma eficiência total de 86,40 %.

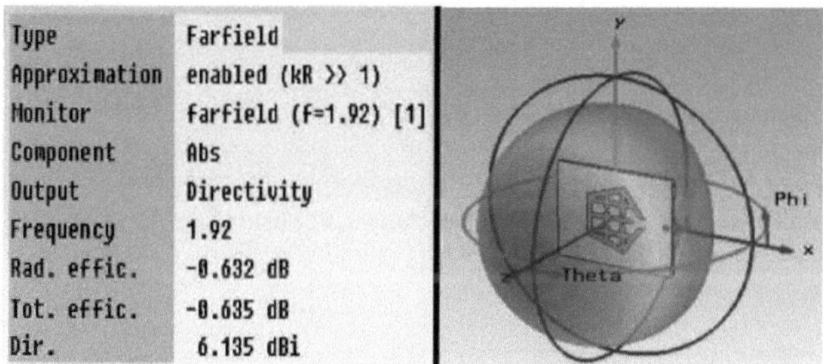

Figura 4.4.6: Padrão de radiação do RMPA carregado com a estrutura metamaterial em forma de "SPLIT PENAGONAL" mostrando uma directividade de 6,135dBi.

A estrutura proposta é colocada entre as duas portas de guia de ondas à esquerda e à direita do eixo X, como se mostra na Figura 4.4.7. A fim de calcular os parâmetros s_{11} e s_{21} para provar que a estrutura proposta possui propriedades metamateriais duplamente negativas. Na Figura 4.4.7, o plano Y foi definido como Fronteira Eléctrica Perfeita (PEB) e o plano Z foi definido como Fronteira Magnética Perfeita (PMB).

Figura 4.4.7: Estrutura metamaterial proposta colocada entre as duas portas de guia de ondas à esquerda e à direita do eixo X.

A Figura 4.4.8 e a Figura 4.4.9 mostram o valor negativo da permeabilidade e da permissividade na gama de frequências de funcionamento. A modelação NRW é o método mais utilizado para efetuar o cálculo da permissividade e permeabilidade complexas dos materiais. Os parâmetros S obtidos são depois exportados para o software Microsoft Excel para calcular o valor da permissividade e da permeabilidade do projeto proposto, utilizando a abordagem Nicolson-Ross-Weir (NRW).

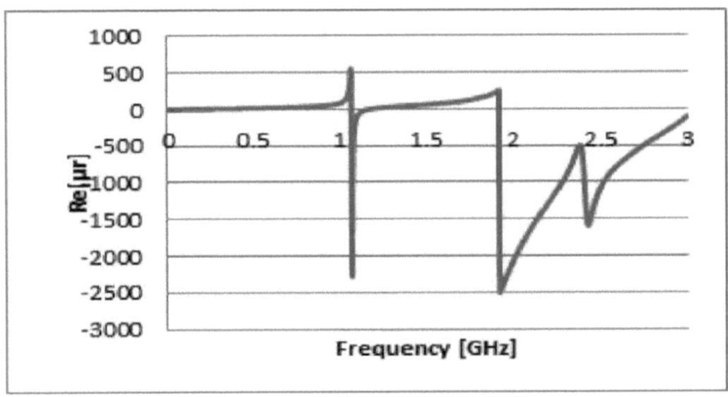

Figura 4.4.8: Gráfico de permeabilidade versus frequência da estrutura proposta.

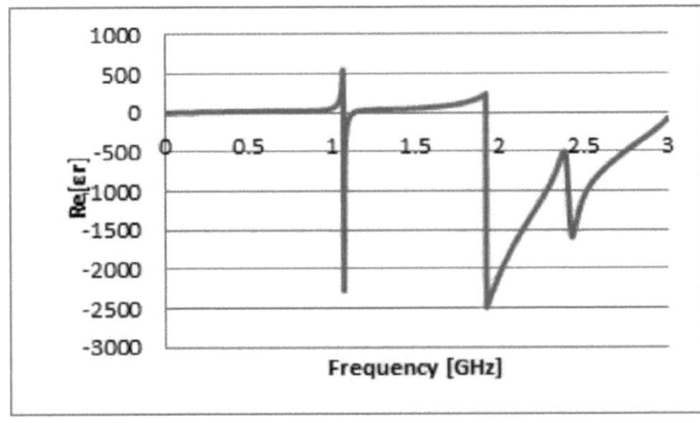

Figura 4.4.9: Gráfico de permissividade versus frequência da estrutura proposta.

Resultados: Quando a estrutura metamaterial em forma de "SPLIT PENTAGONAL" proposta é simulada utilizando o software CST à frequência de ressonância de 1,95 GHz, verifica-se que os parâmetros potenciais (directividade, largura de banda, eficiência e perda de retorno) da antena melhoram significativamente em comparação com a RMPA isolada. A figura 4.4.2 e a figura 4.4.5 mostram que a perda de retorno da estrutura metamaterial proposta é reduzida em 27,872 dB e a largura de banda aumenta em 22,3MHz, ou seja, 140%. O padrão de radiação na figura 4.4.3 e na figura 4.4.6 mostra que a directividade da estrutura metamaterial proposta melhorou em 1dBi. O objetivo do trabalho é conceber uma antena de pequenas dimensões, com menor consumo de energia e de baixo custo, que possa ser utilizada de forma mais eficiente em aplicações de comunicação de banda larga.

4.5 MODIFICAÇÃO DE UMA ANTENA DE REMENDO PARA UM SENSOR DE BANDA TRIPLA UTILIZANDO MEIOS NEGATIVOS

A figura 4.5.1 apresenta uma antena retangular de microfita (RMPA), com uma linha de alimentação de microfita rebaixada, apoiada por um plano de terra de condutor elétrico perfeito (PEC). O centro de interesse deste projeto é a utilização de uma antena de microfita para funcionar em três frequências diferentes, em vez de apenas na frequência de funcionamento. Esta antena de banda tripla pode funcionar a três frequências distintas: 1,941, 2,586 e 2,784 GHz, enquanto a frequência de funcionamento é de 2 GHz. Depois de obter estes valores necessários, os resultados simulados são obtidos utilizando o software de simulação computer simulation technology microwave studio (CST-MWS). As manchas rectangulares são fabricadas no material de substrato de vidro epoxi. A figura 4.5.1 abaixo representa a estrutura da antena de microfita retangular a 2 GHz, cujas especificações de conceção são mencionadas a seguir.

Especificações:

1) Largura da mancha = 34,7832 mm.
2) Comprimento do remendo = 44,9834 mm.
3) Frequência de funcionamento = 2 GHz.
4) O material dielétrico é epóxi de vidro com material dielétrico = 4,3
5) Tangente de perda = 0,02
6) Profundidade de corte do remendo = 9,6 mm
7) Largura de corte do remendo = 6 mm
8) Largura da linha de traço = 4 mm.

9) Comprimento da linha de traço = 27,1011 mm.

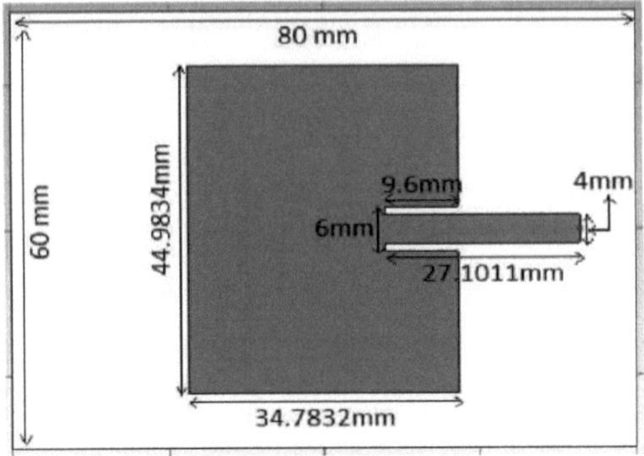

Figura 4.5.1: RMPA projetado a 2GHz (todas as dimensões em mm).

A perda de retorno e a largura de banda da antena são apresentadas na Figura 4.5.2. A perda de retorno s_{11} é de - 10,11 dB para a antena proposta. A antena projectada entra em ressonância a 2 GHz. Pode dizer-se que a largura de banda da antena é a gama de frequências em que a perda de retorno é superior a -10 dB (corresponde a um VSWR de 2). Assim, a largura de banda da antena pode ser calculada a partir do gráfico da perda de retorno em função da frequência. A largura de banda da antena simulada é de 9,4 MHz.

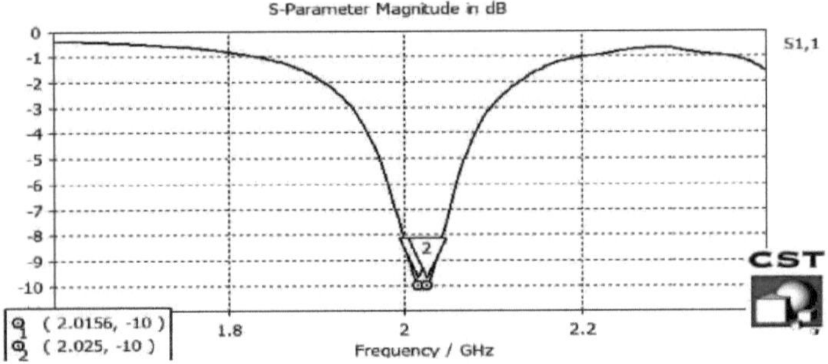

Figura 4.5.2: Resultado simulado da antena retangular de microfita com largura de banda de 61,7 MHz e perda de retorno de -17 dB.

O gráfico de directividade é apresentado na figura 4.5.3 e representa a quantidade de intensidade de radiação, ou seja, é igual a 6,265 dBi. A antena simulada irradia mais numa determinada direção em comparação com a antena isotrópica, que irradia igualmente em todas as direcções, num valor de 6,265 dBi. A partir da visualização do gráfico polar da directividade, pode ver-se que a uma frequência de 2 GHz. O padrão de radiação de uma antena é geralmente o seu requisito mais básico, pois determina a distribuição da energia irradiada no espaço. Uma vez conhecida a frequência de funcionamento, o padrão de radiação é a primeira propriedade de uma antena que é especificada. O padrão de radiação da RMPA operando a 2 GHz é mostrado na Figura 4.5.3.

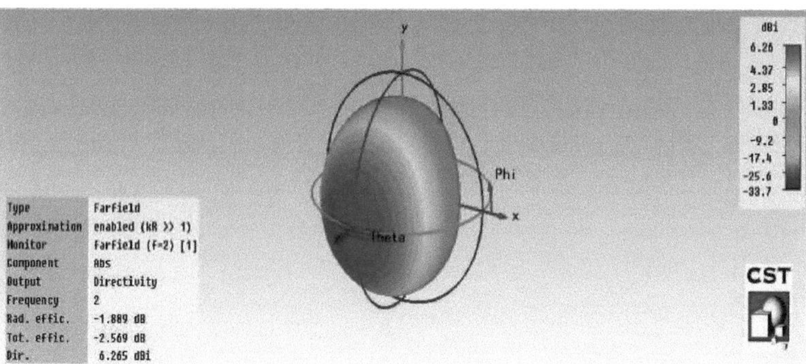

Figura 4.5.3: Padrão de radiação da antena retangular de microfita com uma directividade de 6,265dBi e uma eficiência total de 55,3%.

É proposta uma estrutura metamaterial retangular em forma de SRR e as dimensões de um único SRR são apresentadas na figura 4.5.4. Após a simulação RMPA, o metamaterial é implementado como uma cobertura sobre a antena de patch a uma altura de 3,267 mm do solo. A estrutura metamaterial inovadora proposta e as suas dimensões utilizadas no projeto proposto são apresentadas na figura 4.5.4.

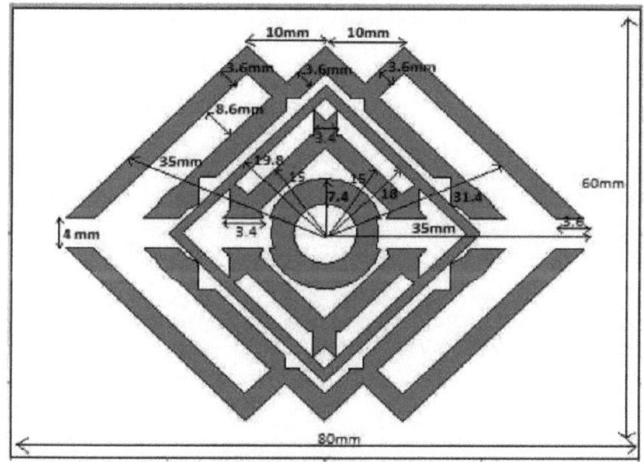

Figura 4.5.4: Vista dimensional do SRR (todas as dimensões em mm) Disposição da estrutura no sistema de coordenadas XY

A estrutura proposta é colocada entre as duas portas de guia de ondas à esquerda e à direita do eixo X, como se mostra na figura 4.5.5. Na figura 4.5.5, o plano Y foi definido como fronteira eléctrica perfeita (PEB) e o plano Z foi definido como fronteira magnética perfeita (PMB). Posteriormente, a onda foi excitada a partir do eixo X negativo (Porta 1) em direção ao eixo X positivo (Porta 2). Esta configuração imita a guia de ondas e é adequada para calcular os parâmetros S para a extração dos parâmetros efectivos mais tarde. Uma metodologia que utiliza os parâmetros de dispersão s_{11} e s_{21} para calcular os parâmetros complexos mencionados das amostras é denominada Nicolson-Ross-Weir (NRW) (Nicolson e Ross, 1970; Weir, 1974). A modelação NRW é o método mais comummente utilizado para efetuar o cálculo da permissividade e permeabilidade complexas dos materiais. Os parâmetros S obtidos são depois exportados para o software MS-Excel para calcular o valor da permissividade e da permeabilidade do projeto proposto, utilizando a abordagem Nicolson-Ross-Weir (NRW).

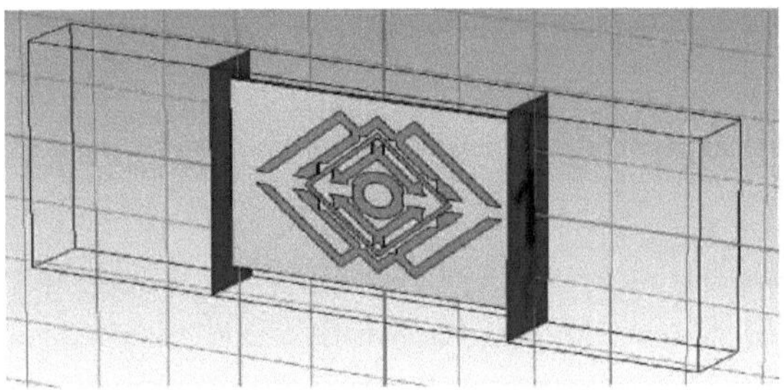

Figura 4.5.5: Estrutura metamaterial proposta colocada entre as duas portas de guia de ondas à esquerda e à direita do eixo X.

A perda de retorno e a largura de banda da antena são apresentadas na figura 4.5.6. Este apalpador de banda tripla pode funcionar em três frequências distintas: 1,941, 2,586 e 2,784 GHz, enquanto a frequência de funcionamento é de 2 GHz. A perda de retorno para todas as frequências de banda é de -29,1, -27,3 e -22,4 dB, respetivamente, e as larguras de banda correspondentes são de 23,7, 35,2 e 27 MHz, em comparação com a perda de retorno de -10,11 dB e a largura de banda de 9,4 MHz obtidas apenas com o RMPA.

Quanto mais negativa for a perda de retorno, maior será o acoplamento e, por conseguinte, maior será a directividade e o ganho da antena proposta numa determinada direção.

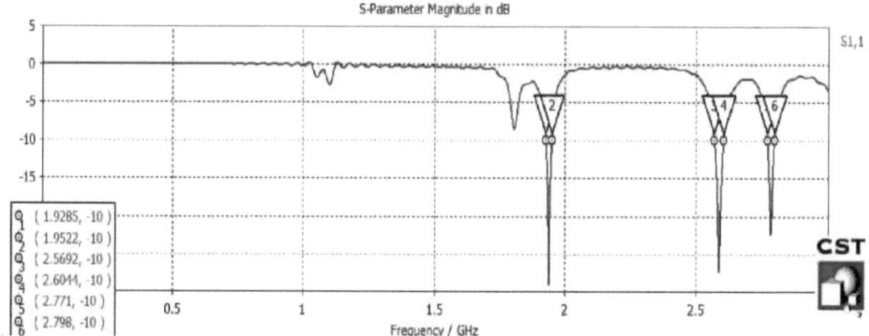

Figura 4.5.6: Este é o resultado da simulação do projeto da figura 4.5.4, que mostra 3 quedas em 1,941, 2,586 e 2,784. O valor da perda de retorno e da largura de banda foi introduzido anteriormente.

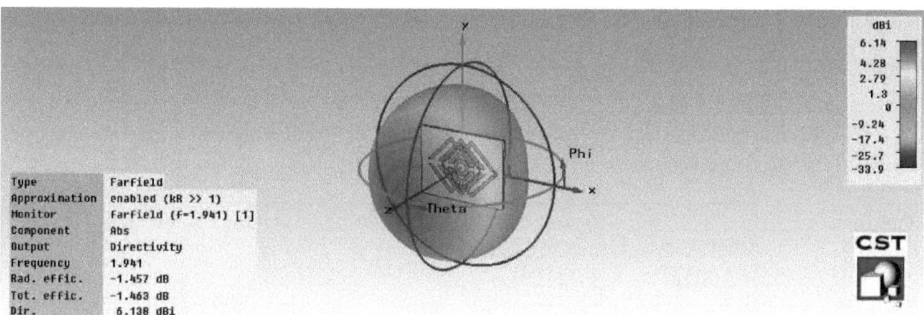

Figura 4.5.7: Padrão de radiação à frequência de 1,941 GHz com directividade de 6,138dbi e eficiência de 71,4%.

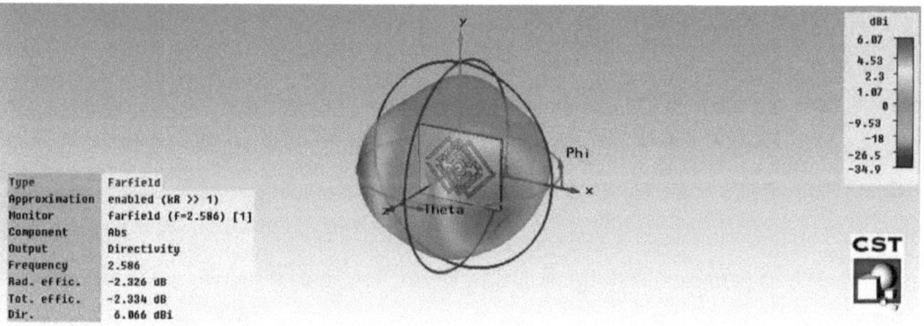

Figura 4.5.8: Padrão de radiação à frequência de 2,586 GHz com directividade de 6,066dbi e eficiência de 58,4%.

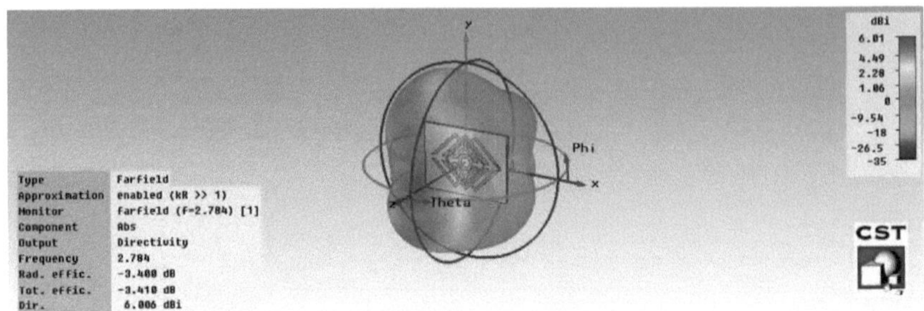

Figura 4.5.9: Padrão de radiação à frequência de 2,784 GHz com directividade de 6,006dbi e eficiência de 45,6%.

Ao comparar estes resultados com os resultados simulados apenas com o RMPA, observou-se que existe um aumento significativo da perda de retorno, da largura de banda e da eficiência. A directividade permanece inalterada com uma ligeira variação, o que é suportável. O gráfico comparativo é apresentado na tabela 1.

Quadro 4.5.1: Gráfico de comparação

s. não.	Parâmetros	RMPA sozinho a 2 GHz	Após a introdução do metamaterial a 1,941GHz	a 2,586GHz	a 2,784GHz
1	Perda de retorno	-10,11dB	-29,1dB	-27,3dB	-22,4dB
2	Largura de banda	9,4MHz	23,7MHz	35.2MHz	27MHz
3	Directividade	6,265dBi	6,138dBi	6,066dBi	6,006dBi
4	Eficiência	55.3%	71.4%	58.4%	45.6%

A Figura 4.5.10 e a Figura 4.5.11 mostram que o projeto proposto tem valores negativos de permissividade e permeabilidade na frequência de funcionamento. A modelação NRW é o método mais utilizado para efetuar o cálculo da permissividade e permeabilidade complexas dos materiais. Os parâmetros S obtidos são depois exportados para o software Microsoft Excel para calcular o valor da permissividade e da permeabilidade do projeto proposto, utilizando a abordagem Nicolson-Ross-Weir (NRW).

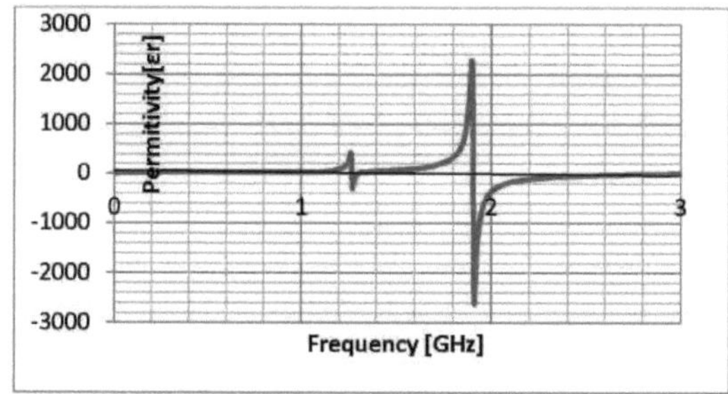

Figura 4.5.10: Valor negativo da permissividade nas frequências de funcionamento.

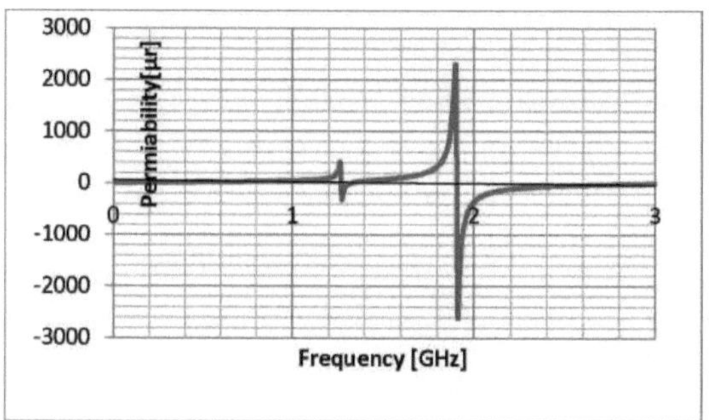

Figura 4.5.11: Valor negativo da permeabilidade nas frequências de funcionamento.

Resultados: Neste trabalho, é examinado o comportamento de uma antena de microfita retangular carregada com a estrutura metamaterial "INTERCONNECTED RECTANGULAR SRR" a uma altura de 3,2 mm do plano de terra. É revelado que a colocação da estrutura proposta na antena de retalho melhora significativamente as caraterísticas potenciais da antena. A antena com estrutura metamaterial "INTERCONNECTED RECTANGULAR SRR" proposta é eletricamente pequena e fácil de manusear. A antena proposta pode ser utilizada em várias aplicações de micro-ondas que requerem uma largura de banda melhorada e uma perda de retorno reduzida nas três frequências de funcionamento diferentes. A antena projectada pode ser utilizada em comunicações sem fios para a banda L e mesmo para a banda S. Aplicando a frequência de 2 GHz, a antena poderá operar em três frequências diferentes com baixa perda de retorno, grande largura de banda e de forma mais eficiente. Este projeto proposto pelos autores pode reduzir o número de antenas necessárias, porque uma única antena pode funcionar no lugar de três antenas distintas. Também foi provado que a cobertura usada para melhorar o parâmetro da antena é metamaterial usando a abordagem NRW. O objetivo do trabalho é conceber uma antena mínima e de baixo custo que possa ser utilizada para aplicações de comunicação de banda larga.

CAPÍTULO 5

CONCLUSÃO E SUGESTÕES PARA TRABALHOS FUTUROS

5.1 Conclusão geral:

Foi efectuado um estudo orientado para a aplicação do estado da arte do metamaterial de mão esquerda (LHM), da antena de microfita e da integração do LHM com as antenas para melhorar o desempenho da antena. É apresentado um breve historial do projeto, que inclui os antecedentes, a declaração do problema, os objectivos, o âmbito, a metodologia e os resultados previstos do projeto.

Foi efectuada uma revisão da literatura como um elemento importante da investigação. As propriedades peculiares da LHM, tais como o índice de refração negativo e a onda retrógrada, foram discutidas em pormenor. A forma como a estrutura exibe o ε e o μ negativos também foi discutida. Foram discutidos e analisados alguns artigos de contribuição fundamental relacionados com o LHM e a antena.

A antena retangular Microstrip Patch pode fornecer uma estrutura radiante impressa, que é eletricamente fina, leve e de baixo custo, é relativamente pouco antiga. O desenvolvimento de sistemas como as comunicações por satélite, radares altamente sensíveis, altímetros de rádio e sistemas de mísseis necessita de uma antena muito leve que possa ser facilmente ligada aos sistemas e não torne o sistema volumoso. Estes requisitos são os principais factores para o desenvolvimento da antena retangular de microfita. A antena de microfita pode fornecer estas caraterísticas facilmente e a baixo custo de fabrico. Um único patch pode limitar a saída, como o ganho, a directividade e as capacidades de varrimento.

Concebemos oito antenas de microfita diferentes utilizando metamateriais. As caraterísticas das antenas propostas foram investigadas através de diferentes estudos paramétricos utilizando o software de simulação CST-MWS. As antenas propostas obtiveram bons resultados. O fabrico e a verificação dos resultados simulados com os resultados medidos no analisador também são obtidos e correspondem aos resultados previstos teoricamente.

5.2 CONTRIBUTO FUNDAMENTAL:

Foi apresentado o mais recente desenvolvimento do LHM, especialmente para a aplicação em antenas. As propriedades únicas do LHM foram compreendidas e foi estudada a forma como o LHM funciona e exibe os ε e μ negativos. Foi proposta a técnica de simulação da estrutura do LHM para recolher os dados dos parâmetros S. O método de cálculo de ε e μ através da extração dos parâmetros S foi estudado e dominado. Simularam-se diferentes configurações do LHM e selecionou-se a melhor configuração para estudos posteriores. Foram efectuados estudos paramétricos e, variando os parâmetros como comprimentos, larguras e aberturas do LHM, produziram-se diferentes gamas de frequência de ε e μ negativos.

Deste modo, todos os factores contributivos conduzem à conceção da antena incorporada com o LHM. Foi apresentada a simulação da antena de microfita de um só patch, incorporada com o LHM, e efectuada a medição para validar a simulação. A integração do LHM nas antenas através de simulação melhora o ganho da antena, a perda de retorno e a forma do padrão de radiação da antena torna-se direcional. O fabrico e a medição destas antenas provam que a simulação é exacta e que os resultados estão bem correlacionados entre si.

5.3 SUGESTÕES PARA TRABALHOS FUTUROS:

A estrutura do LHM será objeto de uma investigação mais aprofundada. Seria interessante explorar uma nova conceção de LHM que pudesse exibir tanto ε como μ negativos. A nova conceção deve ser mais pequena e menos volumosa e, com esta caraterística, o custo de fabrico pode ser reduzido. Deve ser estudada uma nova abordagem para aplicar o LHM em diferentes situações. Ao implementar a banda de paragem e a banda passante do LHM, este pode ser utilizado como um filtro para a antena. Pode ser utilizado em antenas UWB em que é necessário parar uma determinada banda enquanto outras são necessárias. É possível produzir um desvio de feixe utilizando o LHM e deve ser efectuado um estudo nesta área de trabalho. A implementação de um díodo no LHM com uma configuração específica e a sua comutação numa determinada parte do LHM alteraria o feixe do padrão de radiação da antena. A antena incorporada com o LHM é adequada para WLAN ponto a ponto e Wi-MAX e o LHM deve ser concebido para estas bandas. Isto aumentará o valor de mercado da LHM.

REFERÊNCIAS

[1] George V. eleftheriades e Keith G. Balmain, Negative-Refraction Metamaterials. Hoboken, N. J.: Wiley-Interscience. 2005.

[2] V. G. Veselago, "The Electrodynamics of Substances with Simultaneously Negative Values of ε and μ", Soviet Phys. Uspekhi, Vol. 10, no. 4, pp. 509-514, Jan 1968.

[3] Constantine A. Balanis, Antenna theory, 3^{n} Ed., Hoboken, N. J.: Wiley, 1998.

[4] Jorge Carbonell, Luis J. Rogla, Vicente E. Boria, Didier Lippens, Design and Experimental Verification of Backward-Wave Propagation in Periodic Waveguide Structures, IEEE Transactions on Microwave Theory and Techniques. Vol. 54, No. 4, 4 de abril de 2006.

[5] A. Aydin, G. Kaan e O Ekmel, "Two-Dimensional Left-handed Metamaterial with a Negative Refractive Index", Journal of Physics, Conference Series 36, 2006.

[6] J. B. Pendry, A. J. Holden, W. J. Stewart, e I. Youngs, "Extremely low frequency plasmons in metallic mesostructures," Physical Review Letters, vol. 76, no. 25, pp. 4773-4776, 1996.

[7] J. B. Pendry, "Negative refraction makes a perfect lens," Physical Review Letters, vol. 85, no. 18, pp. 3966-3969, 2000.

[8] Saman jahani, jalil rashed-mohassel, Mahmoud sahabadi, "Miniaturization of circular patch antennas using MNG metamaterial" IEEE antennas and wireless propagation letters, vol. 9, 2010.

[9] R. A. Shelby, D. R. Smith, S. C. Nemat-Nasser, e S. Schultz, "Microwave Transmission Through a Two-Dimensional, Isotropic, Left-Handed Metamaterial," Applied Physics Letters, vol. 78, no. 4, pp. 489-491, 2001.

[10] V. G. Veselago, "The Electrodynamics of Substances with Simultaneously Negative Values of Epsilon and Mu," Soviet Physics Uspekhi, vol. 10, no. 4, pp. 509-514, 1968.

[11] J. B. Pendry, A. J. Holden, D. J. Robbins, e W. J. Stewart, "Low Frequency Plasmons in Thin-Wire Structures," J. Phys: Condens. Matter, vol. 10, pp. 47854809, 1998.

[12] J.B. Pendry, A.J. Holden, D.J. Robbins e W.J. Stewart, "Magnetism from Conductors and Enhanced Nonlinear Phenomena", em IEEE Transactions on Microwave Theory and Techniques, vol. 47, n.º 11, pp. 2075-2084, 1999.

[13] R. A. Shelby, D. R. Smith, S. Shultz, "Experimental Verification of a Negative Index of Refraction," Science Vol. 292, pp. 77-79, 2001.

[14] P. M. Valanju, R. M. Walser, e A. P. Valanju, "Wave Refraction in Negativeindex Media: Always Positive and Very Inhomogeneous," Physical Review Letters, vol. 88, no. 18, p. 187401,

2002.

[15] J. B. Pendry e D. R. Smith, "Comentário sobre "Refração de Ondas em Meios de Índice Negativo: Always Positive and Very Inhomogeneous"," Physical Review Letters, vol. 90, no. 2, p. 029703, 2003.

[16] P. M. Valanju, R. M. Walser, e A. P. Valanju, "Valanju, Walser and Valanju Reply," Physical Review Letters, vol. 90, no. 2, p. 029704, 2003.

[17] D. R. Smith, D. Schurig, e J. B. Pendry, "Negative Refraction of Modulated Electromagnetic Waves," Applied Physics Letters, vol. 81, no. 15, pp. 2713-2715, 2002.

[18] J. Pacheco, T. M. Grzegorczyk, B.-I. Wu, Y. Zhang, e J. A. Kong, "Power Propagation in Homogeneous Isotropic Frequency-Dispersive Left-Handed Media," Physical Review Letters, vol. 89, no. 25, p. 257401, 2002.

[19] N. Garcia e M. Nieto-Vesperinas, "Left-Handed Materials do not Make a Perfect Lens," Physical Review Letters, vol. 88, no. 20, p. 207403, 2002.

[20] N. Garcia e M. Nieto Vesperinas, "Erratum: Left-handed materials do not make a perfect lens," Physical Review Letters, vol. 90, no. 22, p. 229903, 2003.

[21] J. B. Pendry, "Comment on "Left-Handed Materials do not Make A Perfect Lens"," Physical Review Letters, vol. 91, no. 9, p. 099701, 2003.

[22] N. Garcia e M. Nieto-Vesperinas, "Nieto-Vesperinas and Garcia Reply," Physical Review Letters, vol. 91, no. 9, p. 099702, 2003.

[23] Chun-Yih Wu e Hung-Hsuan Lin, Metamaterials Enhanced Patch Antenna for WiMAX Application, IEEE Antennas and Wireless Propagation Letters, 2004.

[24] C. Caloz e T. Itoh, "Application of the Transmission Line Theory of LeftHanded (LH) Materials to the Realization of a Microstrip "LH line"," in IEEE Antennas and Propagation Int. Symp. (AP-S) e Reunião USNC/URSI, vol. 2. San Antonio, TX: IEEE, junho de 2002, pp. 412-415.

[25] A. K. Iyer e G. V. Eleftheriades, "Negative Refractive Index Metamaterials Supporting 2-D Waves," in IEEE MTT-S Int. Microwave Symp. Dig., Seattle, WA, junho de 2002, pp. 1067-1070.

[26] A. A. Oliner, "A Periodic-Structure Negative-Refractive-Index Medium without Resonant Elements," in IEEE Antennas and Propagation Int. Symp. (AP-S) e Reunião USNC/URSI, San Antonio, TX, junho de 2002, p. 41.

[27] G. V. Eleftheriades, A. K. Iyer, e P. C. Kremer, "Planar Negative Refractive Index Media Using Periodically L-C Loaded Transmission Lines," in IEEE Transactions on Microwave Theory and

Techniques, vol. 50, no. 12, pp. 27022712, 2002.

[28] C. G. Parazzoli, R. B. Greegor, K. Li, B. E. C. Koltenbah, e M. Tanielian, "Experimental Verification and Simulation of Negative Index of Refraction using Snell's Law," Physical Review Letters, vol. 90, no. 10, p. 107401, 2003.

[29] A. A. Houck, J. B. Brock, e I. L. Chuang, "Experimental Observations of a LeftHanded Material that Obeys Snell's Law," Physical Review Letters, vol. 90, no. 13, p. 137401, 2003.

[30] A. Grbic e G. V. Eleftheriades, "Growing Evanescent Waves in Negative- Refractive-Index Transmission-Line Media," Applied Physics Letters, vol. 82, no. 12, pp. 1815-1817, 2003.

[31] Anthony Grbic e George V. Eleftheriades, "Overcoming the Diffraction Limit with a Planar Left-Handed Transmission-Line Lens," Physical Review Letters, vol. 92, no. 11, p. 117403, 2004.

[32] J. B. Pendry, D. Schurig, e D. R. Smith, "Controlling Electromagnetic Fields," Science, vol. 312, pp. 1780-1782, junho de 2006.

[33] D. Schurig, J. J. Mock, B. J. Justice, S. A. Cummer, J. B. Pendry, A. F. Starr e D. R. Smith, "Metamaterial Electromagnetic Cloak at Microwave Frequencies", Science, vol. 314, pp. 977-980, novembro de 2006.

[34] D. Richard W. Ziolkowski, Aycan Erentok, "Metamaterial-Based Efficient Electrically Small Antennas," in IEEE Transactions on Antennas and Propagation, Vol. 54, No. 7, pp. 2113-2130, julho de 2006.

[35] Aycan Erentok e Richard W. Ziolkowski, "A Hybrid Optimization Method to Analyze Metamaterial-Based Electrically Small Antennas," in IEEE Transactions on Antennas and Propagation, Vol. 55, No. 3, pp. 731-741, março de 2007.

[36] Igor S. Nefedov, Anne-Claude Tarot, Kouroch Mahdjoubi, "Wire Media - Ferrite Substrate for Patch Antenna Miniaturization," em IEEE Proceedings, pp. 101-104, 2007.

[37] Shabnam Ghadarghadr e Hossein Mosallaei, "Characterization of MetamaterialBased Electrically Small Antennas", em IEEE Proceedings, pp. 5415-5418, 2007.

[38] Hung-Hsuan Lin, Chun-Yih Wu, Shih-Huang Yeh, "Antena de alto ganho reforçada com metamateriais para aplicações WiMAX", em IEEE Proceedings, 2007.

[39] Aycan Erentok, Richard W. Ziolkowski, "Metamaterial-Inspired Efficient Electrically Small Antennas," in IEEE Transactions on Antennas and Propagation, Vol. 56, No. 3, pp. 691-707, março de 2008.

[40] Shabnam Ghadarghadr, Akram Ahmadi, Hossein Mosallaei, "Negative Permeability-Based

Electrically Small Antennas," em IEEE Antennas and Wireless Propagation Letters, Vol. 7, pp.13-17, 2008.

[41] Le-Wei Li, Ya-Nan Li e Juan R. Mosig, "Design of a Novel Retangular Patch Antenna with Planar Metamaterial Patterned Substrate", em Proceedings of IEEE iWAT, Chiba, Japão, pp. 123-126, 2008.

[42] Richard W. Ziolkowski, "Efficient Electrically Small Antenna Facilitated by a Near-Field Resonant Parasitic," in IEEE Antennas and Wireless Propagation Letters, Vol. 7, pp. 581-584, 2008.

[43] Lucio Vegni e Filiberto Bilotti, "Design of Innovative Metamaterial Microwave Components", em IEEE ICTON Proceedings, pp. 43-46, 2008.

[44] Ajay Gummalla, Cheng-Jung Lee, Maha Achour, "Compact Metamaterial QuadBand Antenna For Mobile Application," em IEEE Proceedings, 2008.

[45] Prathaban Mookiah e Kapil R. Dandekar, "Performance Analysis of Metamaterial Substrate Based MIMO Antenna Arrays," em IEEE "GLOBECOM" proceedings, pp. 1-4, 2008.

[46] Cheng-Chi Yu, Meng-Hsiang Huang, Luen-Kang Lin, Yao-Tien Chang, "A Compact Antenna Based on Metamaterial for WiMAX," em IEEE Proceedings, 2008.

[47] VedVyas Dwivedi, YP Kosta, Rajeev Jyoti, "An Investigation on Design and Application Issues of Miniaturized Compact Microstrip Patch antennas for RF Wireless Communication Systems using Metamaterials: A Study", em IEEE International RF and Microwave Conference Proceedings, Kuala Lumpur, Malásia, pp. 226-231, dezembro de 2008.

[48] Hang Zhou, Zhibin Pei, Shaobo Qu, Song Zhang, Jiafu Wang, Zhangshan Duan, Hua Ma e Zhuo Xu, "A Novel High-Directivity Microstrip Patch Antenna Based on Zero-Index Metamaterial," em IEEE Antennas and Wireless Propagation Letters, Vol. 8, pp. 538-541, 2009.

[49] Pei-Ling Chi, Tatsuo Itoh, "Miniaturized Dual-Band Diretional Couplers Using Composite Right/Left-Handed Transmission Structures and Their Applications in Beam Pattern Diversity Systems," in IEEE Transactions on Microwave Theory and Techniques, Vol. 57, No. 5, pp. 1207-1215, maio de 2009.

[50] Richard W. Ziolkowski, Peng Jin e Chia-Ching Jin, "Antenas Eletricamente Pequenas Inspiradas em Metamateriais: Designs and Measurements, Efficiency and Bandwidth Performance", em IEEE Proceedings, 2009.

[51] Peng Jin, Richard W. Ziolkowski, "Low-Q, Electrically Small, Efficient Near-Field Resonant Parasitic Antennas," in IEEE Transactions on Antennas and Propagation, Vol. 57, No. 9, pp. 2548-2563, setembro de 2009.

[52] Dalia Nashaat, Hala A. Elsadek, Esmat Abdallah, Hadia Elhenawy e Magdy F. Iskander, "Enhancement of Ultra-Wide Bandwidth of Microstrip Monopole Antenna by Using Metamaterial Structures," em IEEE Proceedings, 2009.

[53] Florent Jangal, Luca Petrillo, Muriel Darces, "Towards HF metamaterials," in IEEE Antennas & Propagation Conference, Loughborough, UK, pp. 629-632, novembro de 2009.

[54] Zeyu Zhao, Cheng Huang, Jianhua Cui, Bo Zhao e Xiangang Luo, "A Dual Dand Directive Patch Antenna Based on Two-Layer Cut Wire Pairs Superstate," in IEEE Proceedings, pp. 635-638, 2009.

[55] Kumud Ranjan Jha e Ghanshyam Singh, "Microstrip Patch Antenna on Photonic Crystal Substrate at Terahertz Frequency," em IEEE Proceedings, 2009.

[56] Kamil Boratay Alici e Ekmel Ozbay, "Estudo Teórico e Realização Experimental de um Metamaterial de Baixa Perda Operando no Regime de Ondas Milimétricas: Demonstrations of Flat and Prism-Shaped Samples," in IEEE Journal of Selected Topics in Quantum Electronics, Vol. 16, No. 2, pp. 386-393, março/abril de 2010.

[57] Jianing Zhao, Jue Wang, "Correlation Reduction in Antennas with Metamaterial Based on Newly Designed SRRs," in IEEE Asia-Pacific International Symposium on Electromagnetic Compatibility, Beijing, China, pp. 981-984, April 12 - 16, 2010.

[58] A. Ajami, O. Koch e D. Heberling, "A Small Patch Antenna using Metamaterial Transmission Line based on Conventional Logarithmic Spiral Resonators", em IEEE Proceedings, 2010.

[59] Liang Zheng, Ming Huang, Jihong Shi, Wenwei Niu, Jingjing Yang, Xiaoyan Jin, "FDTD Analysis on Microcavity Sensors with Metamaterials," em IEEE Proceedings, pp. 981-984, 2010.

[60] M.S. Soudi, H.M. Elkamchouchi, "A Proposed Multi-Band Metamaterial Antenna Based on a Circular Air Slotted Sievenpipper Mushroom Unit Cell," in IEEE APS, Middle East Conference on Antennas and Propagation (MECAP), Cairo, Egito, 20.10.2010

[61] Adel A. A. Abdel-Raheem e Ehab K. I. Hamad, "Design of Compact-Efficient Array of Patch Antenna Based on Metamaterial T-Junction," em IEEE APS, Middle East Conference on Antennas and Propagation (MECAP), Cairo, Egito, outubro de 2010.

[62] Jiang Zhu, George V. Eleftheriades, "A Simple Approach for Reducing Mutual Coupling in Two Closely Spaced Metamaterial-Inspired Monopole Antennas," in IEEE Antennas and Wireless Propagation Letters, Vol. 9, pp. 379-382, 2010.

[63] Yuandan Dong e Tatsuo Itoh, "Metamaterial-Inspired Broadband Mushroom Antenna," em IEEE Proceedings, 2010.

[64] Geonho Jang, Sungtek Kahng, Jeongho Ju, J. Anguera, e J. Choi, "A Novel Metamaterial CRLH ZOR Microstrip Patch Antenna Capacitively Coupled to a Retangular Ring," in IEEE Proceedings,2010.

[65] Ozlem Ozgun e Mustafa Kuzuoglu, "Form Invariance of Maxwell's Equations: The Pathway to Novel Metamaterial Specifications for Electromagnetic Reshaping," in IEEE Antennas and Propagation Magazine, Vol. 52, No.3, pp. 5165, junho de 2010.

[66] Seongmin Pyo, Min-Jae Lee e Young-Sik Kim, "Antena de microfita baseada em metamateriais com ranhuras de terra para operações de banda dupla com ganho reforçado", no Simpósio Internacional IEEE URSI sobre Teoria Electromagnética, pp. 926-929, 2010.

[67] Zeeshan Salmani e Hualiang Zhang, "Antena de banda ultralarga (UWB) inspirada numa matriz de antenas log-periódicas", em IEEE Proceedings, pp. 283286, 2011.

[68] Jun Ye, Qunsheng Cao e Wai-Yip Tam, "Design and Analysis of a Miniature Metamaterial Microstrip Patch Antenna," em IEEE Proceedings, pp. 290-293, 2011.

[69] Kamal Sarabandi, Young Jun Song, "Sistema repetidor de rádio de sub-comprimento de onda utilizando antenas miniaturizadas e isolador de canal metamaterial", em IEEE

Transactions on Antennas and Propagation, Vol. 59, No. 7, pp. 2683-2690, julho de 2011.

[70] Navdeep Singh, Harish Kumar, "A study on Applications of MetaMaterial based Antennas," in IEEE Proceedings, pp. 192-196, 2011.

[71] Wen Tao Li, Yong Qiang Hei, Wei Feng e Xiao Wei Shi, "Planar Antenna for 3G/Bluetooth/WiMAX and UWB Applications with Dual Band-Notched Characteristics", em IEEE Antennas and Wireless Propagation Letters, Vol. 11, pp. 61-64, 2012.

[72] Yonghui Tao e Gang Wang, "Conformal Hyperthermia of Superficial Tumor With Left Handed Metamaterial Lens Applicator," in IEEE Transactions on Biomedical Engineering, Vol. 59, No. 12, pp. 3525-3530, dezembro de 2012.

[73] H. Cheribi, F. Ghanem e H. Kimouche, "Metamaterial-based frequency reconfigurable antenna," Electronics Letters, Vol. 49 No. 5, fevereiro de 2013.

[74] Jason C. Soric, Nader Engheta, StefanoMaci, Andrea Alu, "Omnidirectional Metamaterial Antennas Based on ε-Near-Zero Channel Matching," in IEEE Transactions on Antennas and Propagation, Vol. 61, No. 1, pp. 33-44, janeiro de 2013.

[75] Nader Engheta e Richard W. Ziolkowski Metamaterials Physics and Engineering Explorations. Piscataway, N. J.: Wiley-Interscience. 2006.

[76] Zhu, C., Ma, J.J., Li, L., e Liang, C.H.: "Multiresonant metamaterial based on asymmetric triangular electromagnetic resonators", IEEE Antennas Wirel. Propag. Lett.", 2010, 9, pp. 99-102.

[77] G. Lovat, P. Burghignoli, F. Capolino, e D.R. Jackson, "R.W. Ziolkowski, "Combinations of low/high permittivity and/or permeability substrates for highly directive planar metamaterial antennas", IET Microw. Antennas Propag. 1, 177 (2007).

[78] Aycan Erentok, Paul L. Luljak, e Richard W. Ziolkowski, "Characterization of a volumetric Metamaterial Realization of an Artificial Magnetic conductor for Antenna Application", IEEE Transactions on Antennas and Wireless Propagation, Vol. 53, No. 1, 2005.

[79] D.R. Smith, W.J. Padilla, D.C. Vier, et al, Composite medium with simultaneously negative permeability and permittivity, Phys Rev Lett 84, 4184-4187,May 2000.

[80] Zoran Jaksic, Nils Dalarsson e Milan Maksimovic, Negative Refractive Index Metamaterials: Principles and Applications, Microwave Review, junho de 2006.

[81] Bela Szentpali. Metamateriais: um novo conceito na técnica de micro-ondas. TELSIKS, 1-3 de outubro de 2003. Sérvia e Montenegro, 2003.

[82] N. Wongkasem e A. Akyurtlu, "Group Theory Based Design of Isotropic Negative Refractive Index Metamaterials", Progress In Electromagnetics Research, PIER 63, 295-310, 2006.

[83] Richard W. Ziolkowski, Wave Propagation in Media Having Negative Permittivity and Permeability, Physical Review E, Vol. 64, 2001.

[84] Tie Jun Cui et. al., Study of Lossy Effects on the Propagation of Propagating and Evanescent Waves in Left-Handed Materials, Physics Letters, pg. 484-494, 2004.

[85] B.-I. Wu, W. Wang, J. Pacheco, X. Chen, T. Grzegorczyk e J. A. Kong, A Study of Using Metamaterial as Antenna Substrate to Enhance Gain, Progress In Electromagnetic Research, PIER 51, 295-328, 2005.

[86] Shah Nawaz Burokur, Mohamed Latrach, Serge Toutain, Theoretical Investigation of a Circular Patch Antenna in the Presence of a Left-Handed Medium, IEEE Antennas and Wireless Propagation Letters, Vol. 4, 2005.

[87] Chun-Yih Wu e Hung-Hsuan Lin, Metamaterials Enhanced Patch Antenna for WiMAX Application, IEEE Antennas and Wireless Propagation Letters, 2004.

[88] D.R. Jackson e N.G. Alexopoulos, Gain Enhancement Methods for Printed Circuit Antennas, IEEE Trans. Antennas Propagation, vol. PP-33, no.9, Sep. 1985.

[89] L. Liang, B. Li, H. Liu, C. H. Liang, Um estudo da utilização da estrutura de duplo negativo

para aumentar o ganho da matriz de antena de guia de ondas retangular, Progress In Electromagnetics Research, PIER 65, 275-286, 2006.

[90] D.R. Smith, S. Schultz, P. Markos, and C.M. Soukoulis, Determination of effective permittivity and permeability of Metamaterials from reflection and transmission coefficient, Phys. Rev. B, vol. 65, pg. 195 104, Apr. 2002.

APÊNDICE A

LISTA DE PUBLICAÇÕES

Lista de artigos em revistas internacionais:

[1] Bimal Garg, Ranjeet pratap singh bhadoriya "Melhoria dos parâmetros da antena de remendo compacta usando metamaterial de mão esquerda na banda L", International Journal Of Advanced Electronics & Communication Systems, Vol. 1, No.3, 2013, JAN-FEB, 2013 PAPER ID 11537-42836-1.

[2] Bimal Garg, Ranjeet pratap singh bhadoriya, "Parameter Amelioration of L- band Feeler using Negative Media," Journal of Global Research in Electronics and Communication, Vol. 1, No.1, 2012.

[3] Bimal Garg, Ranjeet pratap singh bhadoriya, "Miniaturisation of WLAN feeler using media with a negative refractive index," Research Journal of Physical and Applied Sciences, Vol. 2, No.2, pp. 025 - 029, March 2013 Wudpecker Journals.

[4] Ranjeet Pratap Singh Bhadoriya, Neeraj Sharma "Modificação da Antena de Patch em Triple Band Feeler usando meios negativos" publicado no International Journal of Information and Computation and Technology, ISSN 0974-2239, vol.3, no.6, março de 2013, pp.463~468, IJICT.

[5] Bimal Garg, Ranjeet Pratap Singh Bhadoriya "Reformation of WLAN Feeler by Incorporating Varactor Diode with Negative media structure" aceite para publicação na revista STM de Engenharia e Sistemas de Comunicação, ISSN 22498613, Vol. 3, No. 2, edição de julho de 2013.

yes

I want morebooks!

Buy your books fast and straightforward online - at one of world's fastest growing online book stores! Environmentally sound due to Print-on-Demand technologies.

Buy your books online at
www.morebooks.shop

Compre os seus livros mais rápido e diretamente na internet, em uma das livrarias on-line com o maior crescimento no mundo! Produção que protege o meio ambiente através das tecnologias de impressão sob demanda.

Compre os seus livros on-line em
www.morebooks.shop

info@omniscriptum.com
www.omniscriptum.com

Printed by Books on Demand GmbH, Norderstedt / Germany